LA VIOLENCE DES IMAGES

DU MÊME AUTEUR

BUSTER KEATON : L'ÉTOILE FILANTE
Hachette, 1995

VERS LA TROISIÈME VILLE ?
Hachette, 1995

PAUL RICŒUR
« Les Contemporains », Seuil, 1994

FACE AU SCEPTICISME.
LES MUTATIONS DU PAYSAGE INTELLECTUEL
OU L'INVENTION DE L'INTELLECTUEL DÉMOCRATIQUE
(1976-1993)
La Découverte, 1994

LA PEUR DU VIDE
« La Couleur des idées », Seuil, 1991

OLIVIER MONGIN

LA VIOLENCE DES IMAGES

OU

COMMENT S'EN DÉBARRASSER ?

ÉDITIONS DU SEUIL
27 rue Jacob, Paris VIe

Ce livre est publié sous la responsabilité de Jean-Luc Giribone
dans la collection « La Couleur des idées »
qu'il dirige avec Jean-Pierre Dupuy et Olivier Mongin

ISBN 2-02-030630-1

A Georges Vigarello

INTRODUCTION

Les écrans de la violence

> « C'est en détruisant l'esprit des morts qu'on obtient ce qu'on veut des vivants. »
>
> Maurice G. Dantec, *Les Racines du mal*

Questions lancinantes

Peut-on tout montrer sur le petit écran ? La violence à la télévision n'est-elle pas en train de dépasser les bornes, de franchir la « frontière » de l'admissible ? Faut-il prendre position en faveur des puces destinées à filtrer les programmes afin de préserver les plus jeunes des excès de violence présentés sur le petit écran ? A ce débat, qui fait rituellement les titres des magazines et dont la conclusion provisoire est l'imposition par le CSA (Conseil supérieur de l'audiovisuel) d'une « signalétique anti-violence » aux chaînes de télévision en novembre 1996, s'ajoute celui qui porte, depuis quelques années, sur la production cinématographique. Que la télévision ait exercé une influence néfaste sur le grand écran ne prête plus guère à discussion, et il en va de même du constat que la violence, dégoulinante d'hémoglobine ou coupante comme un rasoir, prend d'assaut le spectateur et ne lui laisse plus aucun répit. Nombre de productions cinématographiques récentes (celles de Quentin Tarantino, Luc Besson, Oliver Stone, Roger Avary, ou bien encore la série des *Die Hard* ou *Trainspotting* de Danny Boyle, *Darkly Noon* de Philip Ridley…) et l'obsession contemporaine du *serial killer* (une version récente en est *Seven* de David Fincher, 1995) ou du crime gratuit (*L'Appât* de Bertrand Tavernier, 1995) mettent en scène une violence qui n'en finit plus d'exacerber nos peurs. D'où la recrudescence légitime des polémiques et des inquiétudes[1].

D'un côté, des spécialistes en communication, Jean-Louis Missika par exemple, ont critiqué un rapport du CSA publié à l'automne 1995 et portant sur la montée de la violence à la télévision. Ils contestent en effet que l'on puisse mettre sur le même plan toutes les images agressives, et que la violence puisse faire l'objet d'études quantitatives mettant entre parenthèses l'intention, le contexte et le sens de l'action montrée à l'écran : autant de facteurs qui font de la violence une expérience ressentie et non pas un simulacre, une tuerie entre clones. Pour eux, il ne faut pas exagérer la recrudescence actuelle de la violence ni surestimer l'influence que les images peuvent exercer à l'occasion sur des enfants ou des adolescents. Pourquoi s'inquiéter alors de savoir si *Taxi Driver* (1976) de Martin Scorsese a pu être à l'origine des crimes odieux de J. Tuckley, si *Orange mécanique* de Stanley Kubrick a provoqué en 1972 des actes de violence qui ont conduit les autorités britanniques à censurer le film, ou bien si Aubry Maupin et Florence Rey ont été fascinés par *Natural Born Killers* (1994) d'Oliver Stone, ou bien encore si *La Haine* (1995) de Mathieu Kassovitz a pu être à l'origine d'un regain de violence dans les banlieues françaises ou *Trainspotting* (1996) un instrument de légitimation de la drogue auprès des plus jeunes ? Voilà des questions en apparence fort secondaires !

D'un autre côté, des critiques de cinéma plaident pour une certaine accalmie : attribuant ces débordements à des manipulateurs professionnels, ils rejettent l'idée d'une mutation de la production cinématographique et l'hypothèse d'un âge inédit du spectacle de la violence. Dans cette optique, certains d'entre eux distinguent, par exemple, trois « cinémas de la violence » : un cinéma cru et réaliste qui ne cache pas pour autant son caractère de fiction, un cinéma de dérision qui parvient à instituer la distance comme règle artistique, et un cinéma – le seul à être vraiment contesté – qui met en images des actes de cruauté à la limite du supportable. Dans ce dernier cas de figure, sans même évoquer les *snuff movies* où le crime est réel, on

1. Tout au long de cet ouvrage, la notion de violence renvoie à toute forme d'action susceptible de blesser physiquement, voire de tuer. Il ne s'agit donc pas de violence symbolique mais d'agression physique.

peut donner l'exemple de l'un de ces films montrant la lente déchirure d'un ongle ou le tailladage du visage. Au fond, toute une fraction de la critique renvoie les représentations contemporaines de la violence à la mise en scène traditionnelle de l'expérience de la violence, et elle s'inquiète essentiellement des films qui utilisent la souffrance corporelle pour mieux abuser des nerfs des spectateurs. Ceux-là mêmes où le cinéaste filme des « transgressions sans interdits » : « autant dire une violence de type pornographique[1] ».

Mais, qu'on y voie ou non la manifestation d'une démesure inédite, d'un « jamais vu », la violence des écrans est spontanément appréhendée comme un phénomène affectant le seul ordre de la représentation et de la fiction. Comme si l'évolution historique de nos sociétés n'avait pas grand-chose à voir entre elles.

Comment s'en débarrasser ?

D'où une attitude courante : celle qui voit dans les « images de violence » exhibées sur le petit et le grand écran des spectacles commandés par des producteurs en mal de réussite financière. Leur unique prétention serait de capter l'attention d'un public désireux d'assister à des déferlements de violence de plus en plus insoutenables. Avec pareille dénonciation, on ne sait trop si les « marchands de violence » se plient aux désirs des spectateurs, ou bien s'ils inventent des scénarios dont la violence ne les préoccupe pas du tout. Si légitime soit-elle, cette attitude se contente de critiquer l'argent de la violence tout en fustigeant les pulsions d'un public incapable de résister au spectacle de l'interdit. Feignant de rejeter la question des images violentes, on joue le rôle du procureur en prenant pour double cible les manipulateurs et ceux qui se « font avoir ». Bref, semble-t-on dire vertueusement, l'avalanche des mauvaises images ne nous concerne vraiment pas, c'est l'affaire des autres, de compromis et de complaisances.

Feindre d'être soustrait à la violence en rejetant les images de violence, faire comme si les représentations de la violence n'avaient strictement rien à voir avec la violence effective de nos sociétés n'en

1. Carole Desbarats, « La frontière », in *Trafic*, nº 13, hiver 1995.

correspond pas moins à une démission cachée par une prétention morale. Qu'il s'agisse d'images, de représentations ou de réalités, l'inquiétude persiste : qu'en faire ? Comment désamorcer la charge de violence ? Comment s'en débarrasser ? Entre les images qui capitalisent la violence, en redoublent l'intensité, et celles qui tentent de la recycler, voire de la freiner et de l'arrêter, il y a un fossé : les unes en rajoutent, les autres s'efforcent d'opérer une conversion de l'énergie propagée. Raison de plus pour ne pas se voiler la face et scruter les images, toutes les images qui permettent de saisir à quel moment on prend le risque de franchir « la frontière » : celle qui rend la violence « pornographique » par incapacité de résister à son flux. « Or, cette frontière, si elle évolue au fil de l'histoire du cinéma, se dessine toujours avec netteté : d'un côté, les cinéastes qui filment le tumulte fondamental pour arriver à la clarté de la conscience : Pier Paolo Pasolini et Abel Ferrara par exemple... De l'autre côté de cette ligne de démarcation, ceux qui, en prétextant le réalisme de l'hémoglobine, font l'économie de ce qui permettrait de ne pas donner à la violence le statut d'inexorable fatalité. En présentant la boucherie comme allant de soi, ces cinéastes jouent sur un nihilisme sans véritables risques : à prétendre que la réalité excède ce que le cinéma peut montrer, ils s'autorisent des abjections tout en se dégageant soigneusement de toute responsabilité éthique[1]. »

La discussion ne porte donc pas ici sur l'intensité de la violence à l'écran – *Les Tueurs de la lune de miel* (Leonard Kastle, 1970) est un *serial killer* d'une grande violence que l'on ne peut cependant juger esthétiquement de la même manière même que *Seven* de David Fincher où le clip se substitue au travail des formes –, elle accompagne une inquiétude rampante : la violence à l'écran n'est-elle pas en train de nous duper, de laisser croire que nous ne pouvons pas grand-chose contre le mal dont l'action violente n'est guère séparable ? A ne plus faire la différence entre violence commise et violence subie, entre tueurs et victimes, entre les bourreaux et ceux dont on réduit le corps à des morceaux de chair, à se satisfaire de l'idée que nous sommes tous des assassins potentiels et capables de « passages à

1. Carole Desbarats, article cité.

l'acte » monstrueux, n'admet-on pas que le mal est une fatalité et que la hiérarchie du bien et du mal est une bien vieille histoire, un conte à dormir debout… devant l'écran ? Dans *Seven*, un vieux flic raconte à l'épouse de son collègue, un jeune flic encore enthousiaste, qu'il a quitté sa femme alors désireuse d'un enfant parce qu'il est inutile, selon lui, d'enfanter et d'assurer le mouvement des générations dans un monde où le mal l'emporte. Que le mal soit l'unique loi, le jeune couple en fait d'ailleurs les frais à ses dépens puisqu'ils sont les dernières victimes du *serial killer* ! On ne sort pas de la violence : c'est également la leçon de *Primal Fear* (Gregory Hoblit, 1996) où l'assassin parvient, en mimant la folie et le dédoublement de personnalité, à tromper la justice. Quand règne le seul rapport de forces, les plus mauvais ont toutes les chances de gagner.

Trois hypothèses

Avant que des bobines se déroulent au fil des chapitres qui suivent, il n'est pas inutile d'esquisser le cadre dans lequel s'inscrit la polémique sur la violence des images. D'où les trois hypothèses qui font l'objet de cet ouvrage et que je me propose maintenant d'exposer en quelques mots.

PREMIÈRE HYPOTHÈSE. Il y a bien un glissement dans la représentation de la violence par la production cinématographique contemporaine. Que le « visuel » ait affaibli l'image-cinéma, cela ne fait guère de doute ! Mais plus importante à mettre en avant est désormais l'idée qu'on est passé d'un type de représentation de la violence à un autre. Et que ce glissement est inséparable de la disparition, progressive mais rapide, des films de genre (films noirs, westerns, films de boxe, films de guerre…) qui encadraient l'expérience de la violence « représentée » à l'écran. L'exhibition de la violence est d'autant plus intense – sur le plan quantitatif et qualitatif – qu'elle correspond de plus en plus rarement à l'expérience d'une confrontation ou d'un duel. Le spectacle de la violence ne renvoie plus à des sujets qui l'éprouvent.

Aujourd'hui, on sombre dans la violence, on s'y enlise, elle correspond à un vrai puits sans fond. Que l'on parle aujourd'hui de *natural born killer* – expression qui renvoie au titre d'un film d'Oliver Stone –, pour désigner « le tueur en série », une figure déjà ancienne au cinéma, devrait attirer l'attention. De fait, le cinéma contemporain s'oriente dans une double direction : celle de scénarios qui montrent (voir le premier chapitre) qu'on est esclave de la violence et que l'on parvient difficilement à (s')en sortir. Si de nombreux films montrent cette chute dans la violence et s'engouffrent dans les tunnels de la haine, les scénarios qui s'aventurent à imaginer des « sorties de la violence », plus rares, sont hantés par une question : comment se débarrasser de la violence ? Cette question est inséparable d'une autre inquiétude : comment se débarrasser de la violence des images ?

On ne se débarrasse jamais totalement de la violence : voilà ce que doivent admettre des sociétés démocratiques trop longtemps convaincues de leur pacification congénitale[1], et plus encore depuis qu'elles se croient, à tort, délivrées des mirages totalitaires.

DEUXIÈME HYPOTHÈSE. Ce glissement des représentations de la violence ne relève pas uniquement de l'ordre de la fiction. Il ne correspond pas à une imagination débridée qui n'aurait strictement rien à voir avec la réalité du monde : il ne fait guère de doute que les nouvelles représentations de la violence accompagnent, dans les sociétés démocratiques, une métamorphose souterraine des comportements violents et des attitudes prises face à la violence. Loin d'exacerber le clivage entre réalité et représentation, il apparaît indispensable de souligner les principaux facteurs qui sont à l'origine des métamorphoses historiques de la violence. Ce n'est pas sans importance : d'une part, le schéma le plus courant selon lequel nous vivons dans des sociétés de moins en moins violentes mérite d'être sensiblement réexaminé. D'autre part, il est de plus en plus manifeste – et il n'a pas fallu attendre la mise à feu de Beyrouth ou la guerre du Golfe pour s'en apercevoir – que la production d'images sur le petit et le grand écran participe du recyclage de la violence dans nos sociétés.

1. Sur ce point, voir la première partie de la conclusion : « Un monde en voie de pacification ? »

TROISIÈME HYPOTHÈSE. Si l'on admet qu'il y a un nouvel imaginaire de la violence qui croise, renforce ou affaiblit les nouvelles formes prises par la violence aujourd'hui, faut-il céder à la tentation tautologique ? Et affirmer tout de go : il y a de plus en plus d'images de violence parce que nos sociétés sont de plus en plus violentes ? Quitte à ajouter ensuite que le cinéma renforce cette violence ou produit une influence néfaste. Mais cette affirmation jette un voile sur ce qui se passe réellement : la grande charge des images de violence n'est pas seulement le reflet ou l'exacerbation de la violence environnante, mais aussi une manière de s'en protéger. La nature de la violence a changé, sa diffusion aussi : elle est de plus en plus indiscernable, latérale, elle est de moins en moins contrôlable, et fait de plus en plus peur. Iconoclaste, cette thèse mérite d'être étayée : la violence augmente et ne connaît plus guère de seuils quand elle est devenue insupportable et prend d'assaut les individus de tous les côtés. Or, dans ce contexte, la réplique n'est pas dans un amoindrissement de la violence, mais bien dans cette surcharge qui trouble, choque et offusque : la violence ne renvoie plus à une expérience, et les individus qui s'efforcent de la repousser à l'extérieur (sur l'écran) se repaissent de son spectacle.

Comment le comprendre ? Selon certains, cette inflation spectaculaire, cette violence extrême accroît une certaine « désensibilisation » à la violence sur laquelle des chercheurs mettent désormais l'accent[1]. Or, ce mouvement de désensibilisation à la violence participe paradoxalement d'une société où la violence est devenue hypersensible.

On l'aura saisi : ce travail prend le contre-pied de deux attitudes. D'une part, il est insuffisant de recourir au seul langage du seuil (à partir de quel stade la démonstration de la violence devient-elle insupportable pour celui qui la regarde ?), alors que tout est à peu près montrable – ou enregistrable – dans l'ordre de la violence sur les écrans. Le combat à mener n'est pas seulement celui qui porte sur la limite, mais aussi celui qui vise l'aptitude à recycler la violence, à la mettre en scène, c'est-à-dire la capacité et « l'art » des producteurs

1. Pour une présentation de ces thèses, voir le dossier « Médias et violence », in *Cahiers de la sécurité intérieure* (IHESI), n° 20, 2e trimestre 1995.

d'images à se sentir « responsables de la place qu'ils préparent au spectateur » (Carole Desbarats).

D'autre part, il est trop facile de se contenter de saluer spontanément la dérision de la violence : en effet, nous le verrons à propos de John Woo ou de Quentin Tarantino, l'esthétique de la dérision renforce la tendance actuelle de la violence à dégénérer, à refuser la confrontation et l'épreuve du conflit. Et il n'est pas indifférent que des metteurs en scène comme Pascal Ferran n'hésitent pas à réagir contre cette tendance[1].

Pourquoi la violence ne peut-elle que dégénérer ? Les partisans de la dérision – les réalisateurs de *C'est arrivé près de chez vous* (1992) en sont un bon exemple – se nourrissent de la même illusion que les éradicateurs : l'illusion selon laquelle la violence est l'affaire des seuls individus violents. Or, la violence est la question politique par excellence, elle concerne la communauté dans son ensemble : pourquoi donc s'aveugler devant des images qui parlent si bien de nous ? Le pasteur intolérant et fondamentaliste de Flannery O'Connor se crève les yeux dans *Le Malin* de John Huston parce qu'il croit que le monde et ses images forment un tissu de mensonges. Pour lui il n'y a plus rien à voir. Mais sommes-nous pour notre part vraiment convaincus que le mensonge règne définitivement, et que les images en sont le vecteur principal ? Espérons que non. Les derniers films de Pedro Almodovar (*La Fleur de mon secret*, 1995) et Clint Eastwood (*Bridges of Madison County*, 1995) renouent avec le mélodrame, *Smoke* de Wayne Wang et Paul Auster ouvre une voie nouvelle pour le récit cinématographique : chacun d'entre eux se veut à contre-courant de l'exhibition contemporaine de la violence.

● ● ● ● ●

La violence (des images), ou comment s'en débarrasser ? Comment en sortir ? Cet essai, qui tourne autour de ces deux questions, se développe en trois temps. Au cours du premier, je m'inter-

1. « A bas la dérision, affirme-t-elle sans vergogne, le second degré qui vide de sens chaque objet filmé comme le gros plan de Tarantino sur la seringue, où tout devient prétexte d'un coup de coude au spectateur. »

roge sur les difficultés contemporaines à mettre en scène la violence comme une expérience effective. Que penser d'une violence qui se présente de plus en plus comme un « nouvel état de nature », d'une violence dont nous sommes les prisonniers, les esclaves ? Ensuite, je passe en revue, au cours de la deuxième séquence, divers films hantés par cette question : comment se débarrasser de la violence quand on en est la victime ou l'auteur ? Si de nombreux films évoquent, se démarquant ainsi du cinéma le plus contemporain de la violence, une violence sensible, éprouvée, ressentie, et renvoient à une épreuve véritable, d'autres manifestent que l'image contribue à retraiter et à recycler la violence : c'est le cas des films de Martin Scorsese et Stanley Kubrick qui font l'objet de la troisième séquence. Au fil de ces parties, qui oscillent entre réflexion structurelle et analyses monographiques, divers thèmes s'imposent qui associent la violence à d'autres questions inséparables du cours sinueux des démocraties : le rôle de la femme, la capacité à raconter des histoires, la question d'un mal pris entre les deux extrêmes de la banalité et de la monstruosité, le respect des morts et des victimes. Autant de nœuds qui font de cet essai sur la violence des images un voyage à travers passions et maux contemporains. Mais seule l'interrogation sur le regard entrecroise la réflexion sur la violence des images et celle qui porte sur les formes prises par la violence : le regard que je porte sur l'autre, la relation que je noue avec lui ne sont pas séparables de la manière dont je regarde les images. Comme l'a écrit Serge Daney : « Ce n'est pas au personnage de souffler au spectateur ce qu'il doit voir. C'est ça qui serait immoral. » Celui qui ne sait plus regarder les images, trouver le temps d'un regard, se laissera prendre par la violence sans même s'en apercevoir.

Cet ouvrage n'a pas été écrit par hasard. D'un côté il prend acte d'une conjoncture cinématographique et télévisuelle en mutation rapide : il n'est guère possible d'ignorer la vitesse avec laquelle les images deviennent de plus en plus féroces et sauvages. Ensuite, cet essai s'inscrit dans un travail au long cours sur les « passions » démocratiques, la mauvaise part, la part maudite et cachée de nos sociétés : dans *La Peur du vide* dont ce livre forme une première suite, j'avais essayé de montrer, en m'appuyant essentiellement sur des films, que la violence se dédouble, oscillant entre un mouvement invisible d'intériorisation (la violence que le toxicomane exerce sur son propre corps) et un mouvement visible d'extériorisation (le spectacle de la mort en direct dont Beyrouth a été le foyer dès 1975). Il n'y a de violence que secrète, tapie, souterraine, invisible, ou démonstrative, explosive, exacerbée, hypervisible. Dans un autre ouvrage consacré à l'évolution du comique (à paraître après celui-ci), je me pencherai parallèlement sur la question du rire : paradoxalement proche de la violence, le rire – un moteur de la télévision plus que du cinéma – doit être freiné. De même qu'il faut procéder à un recyclage de la violence, si l'on ne veut pas y sombrer ou se nourrir d'utopies laissant croire qu'on peut s'en débarrasser une fois pour toutes, il faut parvenir à apaiser le fou rire, à calmer les mouvements spasmodiques du rire. A travers la violence et le rire saccadé, on se trouve confronté à l'une des interrogations majeures d'un monde qui ne sait jamais trop comment s'arrêter. Ne pas pouvoir s'arrêter est le lot des modernes, dira-t-on, pris qu'ils sont dans une course en avant de plus en plus folle, dans un mouvement d'expansion infinie du Capital et de la Technique ! Mais ce constat ne doit pas condamner à des démesures dont on ne se remet pas toujours. On verra donc que l'interrogation sur la violence rejoint celle qui porte sur la barbarie et la démocratie. Et plus encore sur notre désir de regarder le monde et ceux qui veulent bien l'habiter. D'où la conviction forte qui préside à la rédaction de cet ouvrage : « Lorsque le besoin s'en fait sentir, on peut filmer la violence sans se dégrader, sans contribuer à diffuser l'idée que la force brutale gagnera toujours sur la pensée, sur la dignité de l'homme[1]. »

PS : Les synopsis publiés en encarts sont repris des dossiers de presse diffusés par les différentes maisons de production. Dans la mesure du possible, la date qui suit le titre d'un film correspond à l'année de sa sortie en France.

---

1. Carole Desbarats, article cité.

PREMIÈRE PARTIE

D'une violence à l'autre

AUJOURD'HUI, on s'en prend aussi bien à l'agressivité des images qu'aux scénarios de films dont la violence est le ressort principal. Dans ce contexte, les polémiques relatives à « la violence au cinéma » se confondent avec les dénonciations du règne de l'image et de la « vidéosphère ». Mais cela ne va pas sans précipiter la confusion : on ne sait plus trop de quoi on parle – du contenu des scénarios, des métamorphoses de la violence dans la société, de l'intensité des images, de l'influence de la télévision sur la production cinématographique, voire de la « culture jeune » qui, selon Thierry Jousse, « repose sur un immense réservoir d'images, de signes, de fétiches, d'objets à disposition de tout un chacun, comme dans un hypermarché, une mémoire informatique, un vidéo-store ou une chaîne de télé interactive. On peut ainsi accumuler, jouer, jongler, détourner, sampler, monter, télescoper, synthétiser, émietter, détruire, atomiser [1]... » Une fois constaté que « c'est assez perturbant pour le cinéma », il faut bien admettre que la confusion contemporaine des images n'est pas étrangère à l'obsession de la violence que traduisent aussi bien les images que les scénarios.

Deux interrogations se redoublent alors : que faire des images de la violence ? Que faire de la violence ? Mais il apparaît également que la relation que nous entretenons à la violence s'est métamorphosée : alors que celle-ci renvoyait à une expérience physique, sensible dans les images au point de devenir intolérable (le sujet étant plus ou moins atteint, la question de la tolérance se posait alors), l'ordre contemporain de l'image se présente comme un flux ininterrompu qui ne renvoie plus à une expérience effective. On le devine, la question n'est plus seulement celle des seuils tolérables de violence susceptible d'être montrée [2], elle vise la capacité des

1. In *Cahiers du cinéma*, octobre 1994.

2. Il faut d'ailleurs prendre différemment la mesure dans le cas des enfants et des adultes. Le constat que la violence règne désormais « à l'état de nature » sur les écrans ne doit pas empêcher d'en protéger des enfants dont nous ne savons pas encore ce que pourra bien donner tout ce qu'ils ont pris « dans la tête ».

« metteurs en images » à maîtriser une violence de plus en plus indéterminée car se présentant comme un nouvel « état de nature ». Mon objectif est de souligner les mutations profondes qui affectent simultanément la violence et les images qui l'exposent.

Après avoir rappelé tout d'abord l'économie des films « de genre » – celle qui renvoyait à une épreuve frontale de la violence (westerns, films de guerre, films de boxe, policiers...) –, on montrera ensuite les ruptures qui interviennent quand on entre dans « le cercle de la violence », quand la violence ne fait plus l'objet d'une expérience et se déroule de manière indifférenciée, interdisant gradations et hiérarchies en dépit d'une montée en puissance souvent redoutable. Une chose est sûre : on s'aventure alors bien au-delà de la question de savoir si on a « le droit de tuer » par vengeance (*A Time to Kill*, John Schumacher, 1996).

1. Les deux âges de la violence

A l'épreuve de la violence : les films de genre

La confusion qui règne sur les rapports de la violence et de l'image n'est pas arbitraire, elle n'est pas le fruit d'une simple manipulation des marchands ou pirates de l'image : elle correspond à une situation historique précise où s'impose le constat d'une violence indéterminée, à la fois omniprésente et difficilement localisable. On a longtemps pensé que la violence se confondait avec l'art des guerriers, mais aussi que l'art militaire n'était pas sans rapport avec la politique qui en était, selon Clausewitz, le prolongement : la violence était alors assimilée à la guerre, et l'on se représentait le monde en fonction d'un champ de bataille. Très présent au cinéma depuis ses origines (*Intolérance* ou *Naissance d'une nation* de Griffith), le champ de bataille est à l'origine de genres cinématographiques majeurs : le western, le film de guerre. Mais les analogies du champ de bataille furent nombreuses sur les écrans : il en va ainsi du ring de boxe des films de la fin des années 40 et 50, avec entre autres *Le Champion* de Mark Robson (1949), *Les Tueurs* de Robert Siodmak (1946) – qui réduit exemplairement l'espace de la bataille à la violence frontale, condensant sur quelques mètres carrés une confrontation corporelle d'une grande violence. On l'a encore vu dans quelques films de Sylvester Stallone ou dans *Raging Bull* (1991) de Martin Scorsese. Sur un ring de boxe, les séquences sont rythmées par des rounds, le son du gong, et les deux adversaires se tiennent l'un en face de l'autre dans une lutte frontale. La violence de la boxe – l'une des plus corporelles, ce dont témoignent les images du corps blessé, de la chair déchirée, de la décomposition du visage – repose à la fois sur le coup « en direct » et sur la ruse, la parade. La violence y est double – frontale, brute, et contournée, secrète –, le jeu de jambes des « danseurs de la boxe » permettant d'esquiver pour mieux frapper et jeter à terre le corps de l'autre.

Classiquement, la violence se présentait donc à l'écran dans des films de genre où le conflit générateur de violence pouvait conduire à la mise à mort de l'un des adversaires. Qu'il s'agisse du film de guerre, du film noir ou du western, la violence ponctuait un type de récit opposant des individus ou des groupes, les moments de violence accompagnant le déroulement plus ou moins tragique d'une montée vers la mort. La première séquence de *Cote 465* (1957) d'Anthony Mann – un film de guerre ressemblant étrangement à un western – contient la morale de ce cinéma : après s'être posée sur une jeep accidentée, la caméra fait le tour des membres de l'escadron puis revient sur un corps blessé que l'on ne distinguait pas initialement du tas de ferraille. Grâce à cette scène inaugurale, on entre dans la violence comme par effraction, et l'on saisit d'emblée que celle qui va suivre, par à-coups, n'a rien de naturel – elle est d'abord une épreuve physique et psychique – pour des individus qui, subissant la guerre, répliquent armes à la main à un ennemi tapi dans la montagne. Dans le film de Mann, l'action violente surgit comme une ponctuation.

Il y a là – c'est également le cas du cinéma de Samuel Fuller, et plus particulièrement de l'admirable *The Big Red One* (1960) – un profond décalage avec l'exhibition contemporaine d'une violence de moins en moins corporelle, incorporée dans une histoire qui tend donc à « courir » durant toute la durée du film. Elle ne renvoie plus aux films de genre des années 50 : l'action violente est le seul objet du scénario, d'où ces films où le déferlement de la violence est inséparable d'un personnage principal, qu'on le nomme « nettoyeur » ou « tueur-né »[1].

1. Dans un dossier de la revue *Positif* (février 1996) consacré au « néo-polar contemporain », Laurent Vachaud soutient, de manière originale mais contestable, qu'on assiste – il cite pêle-mêle les films de Tarantino, David Fincher, Jonathan Demme, Bryan Singer (*Usual Suspects*), ou des frères Coen – à l'émergence d'un nouveau genre (le néo-noir) dont la caractéristique majeure est « la contamination du film noir par le cinéma d'épouvante ». Dans le même dossier, Jean-Pierre Coursodon replace les films criminels américains récents dans le contexte plus vaste du cynisme américain actuel : « Il ne s'agit pas évidemment de regretter ici avec nostalgie l'époque

A une représentation classique de la violence où l'image fait office de médiation s'est substitué aujourd'hui un « état naturel de violence », plus qu'une montée en puissance ou une escalade, qui interdit toute ruse corporelle, toute variation de la caméra, et débouche inéluctablement, « naturellement », sur un carnage. Alors que la violence des boxeurs ou des soldats d'Anthony Mann correspond à une violence rythmée, inquiète, la violence perceptible dans bien des films contemporains est une violence installée, une violence contre laquelle on ne peut rien, une violence qui n'est pas une épreuve puisqu'elle n'est plus une réponse à une expérience de l'adversité. Alors que la boxe oscille entre des charges et des décharges, des coups et des feintes, des frappes et des esquives, la violence contemporaine est automatique : elle accumule les charges successives sans aucune interruption ni un véritable sentiment de gradation, c'est-à-dire de différenciation entre le coup de pistolet et le recours à la bombe. Naturelle et accumulatrice, explosive en permanence, la violence y pèse de plus en plus lourdement et ne prend plus le temps d'ausculter les ressorts physiques et psychiques qui la sous-tendent. C'est le champ de bataille lui-même qui est porté disparu : la violence devient de plus en plus terroriste et terrorisante, elle frappe les esprits à défaut d'opposer des personnages violents. De temps à autre, la nostalgie de l'affrontement est mise en scène de manière presque caricaturale : dans *Heat* de Michael Mann (1995), deux scènes fameuses confrontent le gangster et le flic. Durant la première, De Niro et Pacino se retrouvent pendant de longues minutes

où le code de la production exigeait que le crime et le vice fussent toujours punis, mais plutôt de s'interroger sur le type de rapports institués par la "nouvelle morale" (si c'est le mot) entre les cinéastes et leur public. »

Pour sa part, Thierry Jousse continue à évoquer l'idée de genre, ce que je me refuse, en parlant d'un nouveau stade qu'il qualifie de post-maniérisme. « Prenant acte du moment maniériste et s'en inspirant parfois, les cinéastes proposent des variations abstraites sur les genres emblématiques du cinéma américain, film noir, western, film d'horreur. Soit cinq films prélevés directement sur le corps du cinéma le plus contemporain – *The Killer* de John Woo, *Sonatine* de Takeshi Kitano, *Miller's Crossing* de Joel et Ethan Coen, *Dead Man* de Jim Jarmush, *The Addiction* d'Abel Ferrara –, tous ont en commun de pratiquer une anatomie pathologique du genre concerné et de donner à voir les résultats de cette véritable autopsie, comme si le genre était mort et ressuscité, fantôme de western ou de film noir, définissant ainsi un véritable après-maniérisme », in Antoine de Baecque et Thierry Jousse, *Le Retour du cinéma*, Hachette Référence, 1996.

de chaque côté d'une table de restaurant dans un face-à-face. Durant la seconde, on assiste, en plein *downtown* de Los Angeles, à la charge violente des trois gangsters qui prennent d'assaut tout un régiment de voitures et de policiers, comme dans un western. Dans ce film où les personnages principaux ne cessent de se croiser et de se manquer, ces deux scènes poussent à son comble la nostalgie de la confrontation. Une nostalgie qui s'explique par le fait qu'il n'y a plus de « règles » à la confrontation. Dans *The Killer* (1989) de John Woo, le flic et le gangster s'entredéchirent avec d'autant plus de violence qu'il n'y a plus de règle à la violence, parce que les autres ne sont plus « à la hauteur » de la violence. Dans *Our Funeral* d'Abel Ferrara (1996), on assiste au suicide d'une famille mafieuse, à la fin d'une époque où la violence avait un code[1]. Le dérèglement de la violence participe d'un monde où il n'y a plus de code ou de règles partagés par les communautés violentes.

Le deuxième âge ou l'état de nature

> « Mais qu'on nous explique tout de même ce que cela veut dire de montrer une tête qui explose *(Sailor et Lula)*, une aiguille qu'on enfonce dans le cœur d'une jeune camée *(Pulp Fiction)*, un type qu'on torture dans le sous-sol d'une armurerie ou une famille entière bousillée, enfants compris, avec la dernière sauvagerie *(Léon)*... sans qu'il y ait jamais la moindre interrogation sur ces scènes présentées comme autosuffisantes, sans qu'on ait jamais à penser quelque chose » (Bernard Sichère).

Reprenons le fil de notre interrogation : que devient donc la violence quand une guerre réelle – celle du film de genre – fait défaut, ce qui est le cas depuis la guerre du Vietnam et les conflits d'Amérique centrale ? Alors que le guerrier traditionnel resurgit dans des films marqués du sceau du fantastique ou de la science-fiction – depuis la série des *Mad Max* des années 80 jusqu'au récent *Waterworld* qui est, selon Kevin Costner, le metteur en scène de *Danse avec les loups* (1990), un western aquatique –, la violence guerrière n'est plus une violence organisée autour du champ de bataille. Quand la guerre n'est plus circonscrite, opposant des adversaires déclarés, la violence devient

1. Ce dérèglement du code mafieux de la violence est bien décrit dans *Trinités* de Nick Tosches (Gallimard, 1996) où les trafiquants d'Asie du Sud-Est sapent les mœurs et les règles de la mafia italo-américaine.

abstraite, froide – en cela elle rappelle le nucléaire –, et non plus chaude, voire sauvage : c'est une violence anonyme et indifférenciée où l'attaquant et la victime, l'agresseur et l'agressé sont de moins en moins visibles, au sens où ils ne combattent plus directement, où la médiation du champ de bataille fait défaut. Cette violence qui peut monter en intensité ne parvient pas à s'arrêter, et cela pour une bonne raison : n'ayant jamais vraiment commencé, elle ne peut trouver un terme. La violence « à l'état de nature » ne connaît ni origine ni fin [1].

Ce premier constat invite à comprendre un double phénomène : le rapport entre le flux de la violence et le flux des images ; le lien entre des formes de violence inédite et la simulation de la guerre par les images. Quand la violence apparaît brusquement comme une déferlante et s'emballe indéfiniment, l'image du flux s'impose : elle exprime l'indétermination de l'état de nature. En ce sens, il n'est pas interdit de voir un lien entre le flux des images visuelles qui ne renvoient à rien d'autre qu'à elles-mêmes et le flux indifférencié de la violence. On le saisit mieux désormais : si le visuel renvoie à un flux dont on ne connaît ni l'origine ni la fin, un flux que l'on ne peut mettre en suspens, il en est de même de la violence qui occupe les écrans. Quand la violence des images apparaît « naturelle » disparaît le sentiment d'une gradation, ou d'une escalade, car on y est « installé une fois pour toutes ».

Ce phénomène de saturation de la violence, qui se distingue de celui d'une escalade, accompagne la métamorphose de l'espace de la guerre : celle-ci se présente de plus en plus comme interne aux sociétés (guerre intérieure, guerre urbaine, guérilla, terrorisme) et aux individus (guerre intérieure, violence pathologique). Elle n'est plus projetée ailleurs contre un monde ennemi, elle ne se déploie pas contre un adversaire déclaré et déterminé, elle se cache d'autant plus que l'opposant est partout. En ce qui concerne la violence, l'état de nature correspond à la guerre entre les individus, il ne renvoie plus aux relations entre des groupes ou des États, mais aux guerres qu'on se livre à l'intérieur (dans la tête ou dans la rue). D'où la double

1. Je n'emploie pas l'expression d'« état de nature » de manière arbitraire. L'état de nature exhibé dans les films évoqués renvoie à la description de Thomas Hobbes dans son *Léviathan* (voir le chapitre 13).

tendance liée à la naturalisation de la violence : celle d'une guerre qui tombe à l'intérieur (terrorisme) et celle d'images qui n'en finissent pas de l'exhiber (un flux sans fin). On est d'emblée pris dans la violence, on n'y tombe pas, on n'y chute pas, la violence est déjà là : l'ennemi est dans la rue, dans les têtes et dans les images. Tel est le nouveau « cercle de la violence », une violence « tourbillonnante » dont on ne peut sortir, ce qui provoque immanquablement des emballements et des explosions qui ne choquent pas tant ils apparaissent naturels. Les frontières du champ de bataille sont désormais brouillées : la figure de l'ennemi a disparu dans un monde où l'ennemi se cache partout. Si Hans Magnus Enszenberger n'hésite pas à parler de guerre civile généralisée, Pierre Hassner affirme de son côté que la violence contemporaine n'est pas réductible à la violence frontale du champ de bataille, voire à la dissuasion nucléaire, et renvoie à des phénomènes aussi divers que la drogue, le terrorisme et l'activité mafieuse[1]. Alors que l'état de nature renvoyait aux guerres interétatiques, aux relations entre les États, on a l'impression que la société internationale rêve d'être désormais l'instrument de la pacification tandis que la violence s'empare de l'intérieur des sociétés. Le brouillage des images correspond aussi à ce renversement des ressorts de la guerre et de la violence : l'état de nature se confond désormais avec la société civile elle-même, la guerre avec toutes les guerres « intestines » qui font croire que la violence est là, et qu'on n'y peut rien, sinon se distinguer en exerçant une violence supplémentaire, une violence par excès. D'où l'assimilation de l'individu violent au monstre, au *serial killer*. Les figures de la violence sont excessives quand on veut croire que celle-ci est naturelle.

---

1. Hans Magnus Enszenberger, *La Grande Migration*, suivi de *Vues sur la guerre civile*, Gallimard, 1995 ; Pierre Hassner, *La Violence et la paix. De la bombe atomique au nettoyage ethnique*, Éd. Esprit, 1995 ; Yves Michaud, *La Violence*, Hachette, coll. « Débats de société », 1996.

2. « Natural Born Killers » : entre nettoyage et dérision

Logiques du redoublement

Quand on est pris « originellement » dans la violence – une violence dès lors indéterminée, indifférenciée –, on est prisonnier des images comme on l'est de la violence. Plus encore : on l'est également de l'image qu'on a de la violence. Le regard que l'on porte sur la violence contribue à la « naturaliser » et à rendre de moins en moins distinctes les figures de l'agresseur et de la victime, à prendre l'idée de la guerre intérieure pour argent comptant. C'est un second cercle vicieux : à ne voir la violence que dans le flux des images, on finit par croire qu'image et violence sont synonymes.

A regarder divers films récents, on assiste à une double figuration de l'excès. La première tendance génère une excroissance de la violence dont la finalité peut être paradoxalement son éradication (excès dans l'accumulation), et la seconde se nourrit de la dérision (excès dans le simulacre). Mais un phénomène doit être évoqué à ce stade : l'une et l'autre sont inséparables du rôle pris par la télévision, l'image de synthèse ou la vidéo, et de l'influence qu'elles exercent désormais sur les usines à images. Dans cette double orientation, la violence est littéralement piégée : abordée de manière directe, immédiate, elle n'autorise plus aucune distance, aucune représentation. On ne tombe pas dans la violence, on s'y trouve d'emblée, il n'y a ni chute, ni projection, d'où l'importance prise par la thématique du carnage, de l'achèvement – il ne s'agit pas de sortir de la violence, on la pousse à bout en croyant ainsi s'en débarrasser –, ou bien par la dérision qui, l'une comme l'autre, tentent sans y parvenir de tenir la violence à distance en la « redoublant ». Tel est le paradoxe contemporain : la violence est d'autant plus obsédante qu'elle est mal représentée, ou plutôt que l'on ne sait pas quoi en faire, comment la recycler. A regarder les images qui défilent si vite sur les écrans, on observe « la grande décharge de la violence » : en déchargeant la poubelle infinie et informe de la violence, on cherche simultanément à s'en débarrasser. Mais on n'y parvient pas : comment sortir de la violence quand elle est perçue comme naturelle, quand elle « colle à la peau », et qu'on n'y a pas sombré ? Quand elle ne correspond plus à une épreuve personnelle ou collective ? En faisant la guerre à la violence environnante, en la redoublant : d'où ces personnages de guerriers ressemblant à des terroristes, à des snipers, à des psychopathes qui (se) font la guerre en permanence.

Déchaînement et carnage

> « Si, comme il le pensait, Le Monde Tel Qu'Il Était Présenté A La Télé projetait une image complètement fausse de l'humanité, faisant croire à une constellation chaotique de nations, alors que le globe subissait égalitairement le joug de fer des Aliens esclavagistes et de leurs complices terriens, alors cela signifiait qu'il n'existerait plus aucune frontière. Le monde n'était plus qu'un vaste territoire, unifié par l'obscurité » (Maurice G. Dantec, *Les Racines du mal*).

Comment montrer la violence guerrière quand on ne fait plus la guerre sur un champ de bataille, et que celle-ci se déroule « à l'intérieur », au double sens de guerre urbaine et de guerre psychique ? Une fois l'ennemi devenu « intérieur », le scénario connaît des variations : les duellistes peuvent devenir fous et ne pas cesser de se battre en duel sur de nouveaux champs de bataille jusqu'à la mort, comme c'est le cas dans le film « de cape et d'épée » prémonitoire de Ridley Scott (*Duellists*, 1977) ; la violence peut être le fait de psychopathes qui font la guerre à leur propre corps (guerre intérieure) ; elle peut accompagner la démarche du sniper (on tire dans le dos) ou du poseur de bombe (le terroriste) ; elle peut aussi « aller de l'avant » à l'instar des « héros » *serial killers* qui anticipent la fin du monde. Dans tous ces cas de figure, elle est anonyme, silencieuse, au point que seul le passage à l'image – celle de l'écran de télévision le plus souvent – donne finalement une « raison d'être », une existence à l'individu violent.

Effectivement, du héros psychopathe du *Silence des agneaux* (Jonathan Demme, 1990) au héros de *Tueurs-nés* (*Natural Born Killers* d'Oliver Stone, 1994), on observe une différence : celle qui va du monstre silencieux à celui qui hurle devant la caméra pour se faire reconnaître, pour crier qu'il existe à la face de tous les autres, et qu'il est même seul à exister puisqu'il va exterminer tous les autres. Comment interpréter la violence dans ce contexte ? Elle s'affole de ne plus pouvoir faire la guerre classiquement (le film de genre), de ne plus savoir où est l'ennemi, de ne plus distinguer le bien du mal. Cette violence, à la fois trouble et troublée, sème la terreur et se déploie en tourbillonnant de manière vertigineuse. Mais à ce mouvement dynamique correspond un morcellement : l'individu est un solitaire qui se bat contre le monde entier ou bien « fait groupe » ou « masse » avec un ou une autre. Quand il n'y a plus de violence frontale mais un cercle de la violence, un cercle où l'on n'a pas chuté et dont on ne peut pas sortir, le guerrier fait la guerre seul pour achever le monde et mettre un terme à la violence. Une folie bien entendu. La décharge de violence est d'autant plus forte que le sentiment d'une violence incontrôlable est à l'origine de l'action infinie de ces nouveaux guerriers.

Les figures de la violence évoquées ici ont une double caractéristique : d'une part la violence y apparaît comme le fait d'individus qui fuient le contact, se terrent ou foncent à toute vitesse de l'avant et n'existent qu'en faisant le vide autour d'eux. D'autre part la violence qu'ils exercent ne renvoie pas à une expérience puisque celle-ci ne vaut que pour elle-même et ne trouve aucune signification dans un combat (légitime ou non). Que l'on soit seul, en couple ou en tribu, on recourt à la violence pour (se) prouver et montrer qu'on existe dans un monde où il n'y a que de la violence : d'où le massacre, la fascination de la bombe, autant de moyens de faire place nette. C'est-à-dire d'en finir avec la violence accumulée de tous les autres. Pour survivre – et non pas pour échapper au cercle de la violence – dans un monde où l'état de nature est violent, où il n'y a pas de médiation possible, mieux vaut en finir avec tous les autres qui sont autant d'agresseurs potentiels. Si le spectateur peut rester « indifférent » à ce spectacle d'une violence indifférenciée, les tueurs sont pour leur part des individus qui veulent marquer leur différence.

Le monstre et le carnassier (du « Silence des agneaux » à « Basic Instinct »)

Si l'on veut se convaincre de ce nouveau scénario de la violence, il faut se pencher sur les films où la violence est exercée par des personnages pathologiques, voire monstrueux. Loin de se confondre avec la folie urbaine de *M. le Maudit* (1931) ou avec des monstres venus d'ailleurs, on a ici affaire à des « malades » qui n'entretiennent avec les autres qu'un rapport bestial au point qu'ils n'hésitent pas, en véritables prédateurs, à dévorer les autres. Alors que *King Kong* (Cooper, 1933) mettait en scène une bête qui tombait amoureuse et désirait s'humaniser, les monstres violents d'aujourd'hui sont des personnages en voie de bestialisation. Faut-il s'en étonner quand la violence est devenue l'« état de nature » ? Indissociable de la guerre intérieure que se livre à lui-même le psychopathe, la violence ne se projette à l'extérieur que sur le mode de l'assimilation corporelle. Elle devient de plus en plus carnassière, on le voit bien dans *Le Silence des agneaux* (1990) où apparaît une tendance cannibale de dévoration de l'autre. Dans un tel cas, le conflit n'est plus possible, il n'y a pas de ligne de front, de frontière, de combat : l'autre doit disparaître corporellement, il doit être ingéré. Un film comme *Basic Instinct* (Paul Verhoeven, 1992) met également en scène – et cela est d'autant plus sensible qu'il s'agit de la relation sexuelle – un même désir féroce de manger le corps de l'autre, une même volonté dévoratrice.

Le terroriste et le nettoyeur (de « Blown Away » à « Léon »)

Après la vague de films où des héros « invincibles » manifestaient leur toute-puissance face à l'adversité, à un ennemi idéologique ou inhumain – je pense à tous les films où Arnold Schwarzenegger, Sylvester Stallone, jouent des héros métalliques ou cuivrés –, sont apparus des personnages déterminés à en finir d'une manière ultraviolente avec un monde considéré comme inhumain et trop violent. Le supplément de violence de ces personnages traduit une volonté d'interrompre le cours de la violence. Une entreprise « naturellement » vouée à l'échec : le recours à une violence nucléaire, apocalyptique, à la bombe, se nourrit d'une volonté folle de sortir du cercle de la violence. Après la violence terrorisante du psychopathe s'impose ici la figure du terroriste, de celui qui agit par-derrière et jamais de face, de celui qui n'hésite pas à viser la foule et refuse toutes les règles du champ de bataille. *Blown Away* (Stephen Hopkins, 1994) met en scène la course – il n'y a pas de face-à-face – d'un terroriste et d'un policier qui est lui-même un ancien terroriste de l'IRA.

A côté des films policiers classiques (Clint Eastwood dans *Ligne de mire* de W. Petersen, 1994, Harrison Ford dans *Le Fugitif* d'Andrew Davis, 1993) où un héros – détective, policier ou non – permet rituellement de vaincre le méchant, nombreux sont les films qui choisissent de se placer du côté du terroriste ou du poseur de bombe. L'inhumain n'est plus ici le méchant ennemi idéologique ou le mutant de la science-fiction, il veut mettre un terme à une humanité considérée elle-même comme trop inhumaine et violente. L'imaginaire de l'explosion et de la bombe est sensible dans un film comme *Speed* (Jan de Bont, 1994) où le jeune policier, avant de trouver le coupable, entreprend une course folle destinée à éviter que la bombe n'explose en pleine ville au milieu de la foule.

Parallèlement, *Léon* de Besson présente un personnage qui se terre (on retrouve là une violence pathologique) dans un réduit d'où il veut achever le reste du monde : Léon est toujours caché dans des greniers fermés et isolés, ou bien embusqué sur le toit de gratte-ciel d'où il tue impitoyablement la cible qui est en bas. Toujours lové à l'intérieur ou placé en hauteur pour prendre de haut sans être vu. La violence du film est paradoxalement exacerbée par l'humanité résiduelle de Léon qui éduque à la violence et par la violence un enfant, la jeune voisine dont la famille a été décimée. Ce film de Besson fait le lien entre ses deux films précédents : il cumule violence intérieure et violence extériorisée. Entre l'internalisation de la violence du *Grand Bleu* (1988) et son externalisation dans *Nikita* (1990), entre la tendance suicidaire de l'apnéiste et le défoulement de la violence terroriste des drogués de *Nikita*, *Léon* (1994) fait le lien : il est à la fois la proie d'une violence intérieure qui le condamne à un quasi-silence comme l'apnéiste, et un fauteur de violence, un nettoyeur qui ne procède que par carnages ou explosions – autant de violences qui ne laissent aucune chance à la victime. Tel est bien le leitmotiv : on ne se sort pas de la violence dès lors qu'elle est naturelle, ne pourrait s'en sortir que le dernier survivant s'il parvenait à exterminer tous les autres.

L'attaquant-victime et le serial killer (de « True Romance » à « Natural Born Killers »)

La même violence indifférenciée – tout ce qui bouge figure l'ennemi potentiel – se retrouve dans les récents *road-movies* où la fuite en avant n'est qu'une occasion de tuer pour tuer alors que les poursuivants sont derrière, toujours à la traîne. Mais les tueurs n'essaient pas de piéger les poursuivants : ils vont de l'avant, accumulent les massacres en série et multiplient des victimes ; on devient un *serial killer*[1] car on est un tueur-né, « on est » dans la violence, « on est né » dans la violence. Inaugurés par *Thelma et Louise* de Ridley Scott (1990) où la violence renvoyait cependant à la guerre des sexes, et repris par toute une série de films (*Sailor et Lula* de David Lynch, 1990, *True Romance* de Tony Scott, 1993, tiré d'un scénario de Quentin Tarantino), les films où la fuite en avant est le thème central, plus que la poursuite, sont fort nombreux. Les scénaristes s'intéressent au « tueur-né », au *serial killer* (*Seven*, *Never Talk to Strangers*, *Strange Days*...), au *copycat killer* (un tueur poussé au meurtre par l'exemple d'un autre tueur, voir *Copycat* réalisé en 1994), et non pas au policier toujours en retard sur la violence « naturelle » puisqu'il cherche à l'apaiser, sachant qu'on ne sort pas du cercle de la violence par la fuite en avant qui la redouble. Il y a toujours un décalage entre la tuerie et l'action des poursuivants : la police compte les morts après coup, elle n'est pas dans la course, la poursuite est lente, voire passive, comme si régnait le sentiment qu'on ne peut se battre contre des « tueurs-nés » qui sèment aveuglément la terreur. Il n'y a pas d'action possible contre la déferlante de violence du *serial killer* : on ramasse les restes dans les films de David Lynch ou d'Oliver Stone. Même si les personnages de Sailor et Lula peuvent être considérés – à l'inverse des méchants Bonnie and Clyde qui font régner la terreur dans un monde « normal » – comme des « personnages humains dans un monde anormal et sordide », le film de Lynch – la scène durant

1. La littérature – fiction et analyse – consacrée au phénomène du *serial killer* est abondante, on se reportera donc plus particulièrement au roman de Maurice G. Dantec, *Les Racines du mal* (Gallimard, 1995), ainsi qu'à l'ouvrage de Denis Duclos, *Le Complexe du loup-garou*, La Découverte, 1994.

laquelle ils assistent à l'agonie d'une jeune fille au bord de la route en est le témoignage le plus cru – met en scène « une violence qui ne débouche sur rien, ne se cumule pas en une progression cathartique, n'est pas réinvestie comme carburant de l'action[1] ». Si les deux personnages de Sailor et Lula ne sont pas des *serial killers*, ils vivent dans un monde envahi par les tueurs en série dont ils ont déjà attrapé le virus, en dépit de leur passion pour un monde révolu et de leur romantisme que traduit la séquence finale durant laquelle Sailor court sur des toits de voiture pour retrouver Lula en chantant un air d'Elvis Presley. Alors que Claire Denis, qui évoque les meurtres de Thierry Paulin dans *J'ai pas sommeil* (1994), met en scène ce dernier comme un « malade », tous les scénarios qui tendent à naturaliser la violence contribuent à laisser entendre que « tout un chacun » est « naturellement » un tueur en puissance et que le mal est en voie de banalisation.

Si Léon vit caché dans un appartement de New York de manière quasi pathologique, la violence du *serial killer* a « naturellement » besoin de s'exhiber : et elle sera d'autant plus sale qu'elle doit se faire remarquer, qu'elle doit pouvoir être montrée. Dans *Tueurs-nés*, titre qu'il faudrait traduire, et ce n'est pas sans importance, par « Naturellement nés tueurs » *(Natural Born Killers)*, Oliver Stone fait le lien entre la réussite violente et le succès médiatique : on tue le plus férocement possible pour que la violence soit montrée à la télévision. Au point que le flux des images télé et les séquences de violence se distinguent difficilement.

La violence du *serial killer* n'a rien d'autre à dire qu'elle-même, elle fait exister celui qui est naturellement un tueur, un tueur biologique qui ne peut rien contre une violence dont il accuse ses géniteurs d'être la cause (voir la scène initiale de *Tueurs-nés*). En allant jusqu'au bout de l'horreur, le *serial killer* réussit cependant à se montrer, à se faire connaître. Le flux redoutable de la violence trouve ainsi une « solution » dans le flux des images : celles-ci capturent le visage et s'emparent de la parole discordante et sacrificielle du tueur. La violence doit être d'autant plus intense, se confondre avec une conflagration permanente, qu'elle ne survit que d'être vue[2]. C'est le seul gain d'une entreprise

1. Michel Chion, *David Lynch*, Éd. des Cahiers du cinéma, 1992, p. 152.
2. Sur le rapport entre la télévision et l'action terroriste, voir *En direct* de Norman

« naturellement » vouée à l'échec : jouir du succès dont bénéficie la violence exhibée sur le petit écran ou la vidéo. La violence indéterminée de l'état de nature n'est résolue que dans et par l'image. « Avec toute l'efficacité de l'entrepreneur de spectacles américain, écrit encore Thierry Jousse, Oliver Stone offre, sur un mode à la fois éprouvant et excitant, une hypothèse de l'après-cinéma. Un mélange impromptu entre Syberberg et les clips de la MTV. Une entrée fracassante du cinéma commercial dans l'univers enchanté et impitoyable du multimédia et de l'électronique, avec un couple de tueurs *(mass-murderers)* dans le rôle du virus informatique et une star du reality-show dans celui de l'opérateur interactif. Un environnement vidéo, un grand show live, autant qu'une dévoration du cinéma par les médias ou une cérémonie sacrificielle avec, en vedette, l'immolation du cadre et l'invocation de nouvelles images. Ça fait peur, ça remue, ça fascine, ça interloque, ça fait vomir, ça exalte, ça fait rire… » Encore faut-il ajouter un point essentiel : tout comme le nettoyeur qui se bat contre la sauvagerie cachée des autres pour que règne la pureté, le *serial killer* est la victime d'un monde contre lequel il retourne ses armes. Mais il est moins une victime pathologique, atteinte de folie mortelle (pour lui et les autres), qu'une victime qui se plaint tout simplement d'être née, d'être mal née dans le cercle de la violence. Dans *Léon*, le « nettoyeur » rejoint le *serial killer* : Léon se prend d'affection pour la gamine parce qu'elle est mal tombée, mal née puisque que sa famille était pourrie. Le nettoyeur n'a alors pas d'autre choix que de se prendre pour un éducateur afin de sauver les « générations futures » par les armes.

A observer ces trois premiers cas de figure (le carnassier psychopathe, le terroriste-nettoyeur, le *natural born killer*), on observe quelques éléments structurant la nouvelle économie de la violence : celle-ci est exercée par des personnages hésitant entre le désir de se cacher et celui de se montrer (ne pas être vu ou être vu par tous). Les images montrent des personnages aux tendances opposées : ceux qui veulent être vus en train d'exercer la violence et ceux qui désirent se cacher. S'impose alors une figure inattendue de l'héroïsme : l'héroïsme de celui qui devient une star éphémère en manifestant une

Spinrad (Denoël, 1996) où l'équipe de journalistes pris en otages retourne la situation en sa faveur pour mieux l'exacerber.

forte capacité de destruction, ou bien l'héroïsme de celui qui se cache. Dans les deux cas, le personnage refuse le contact : soit il s'en protège, soit il s'impose par le biais du petit écran comme l'unique acteur de la pièce. Il n'y a pour ces « héros » aucun monde où prend corps la violence, ni dedans, ni dehors, mais une violence devenue folle, terroriste et terrorisante, une violence qui s'exerce fatalement contre tous les autres, autant d'ennemis potentiels. Il n'y a plus de médiation possible : les policiers et les journalistes attendent que « ça passe », que violence soit faite pour ramasser les morceaux des corps, ceux des tueurs et de leurs victimes, ils n'y peuvent rien. Mais ça finit toujours très mal. Il n'y a de violence qu'indirecte et double : celle qui se projette à l'intérieur des corps (la folie qui se retourne en entreprise de dévoration) ou à l'extérieur (le carnage). Alors que le héros avait pour tâche d'apaiser les conflits – et c'est encore le cas d'Eastwood ou de Harrison Ford –, de recourir à la violence pour l'atténuer, ou bien encore d'entrer en conflit avec un ennemi pour empêcher la propagation de la guerre, le *serial killer* est ici un dévoreur d'images. Il se dévore lui-même sur l'écran qui le montre à la face du monde.

Violence, esthétisation et dérision : les rituels de John Woo et Quentin Tarantino

Si la violence est devenue indissociable d'une prolifération exhibitionniste destinée à y mettre fin – un projet utopique qui se traduit par une volonté démesurée d'extermination –, bien des films violents vont jusqu'au bout du scénario en recourant à une autre forme d'exacerbation et de redoublement : l'arme de la dérision[1]. Quand le *serial killer* est impitoyablement sérieux, exigeant de passer à la télévision pour qu'on parle de lui, des metteurs en scène en rajoutent dans la violence pour mieux tirer la corde de la dérision. C'est une autre manière de se décharger de la violence en la poussant à bout. Mais entre la

1. Alors que la parodie implique l'idée d'un genre auquel on se confronte et avec lequel on joue, la dérision n'exige plus la référence à un modèle du « genre », elle se passe de toute hiérarchie esthétique et d'un ordre des valeurs artistiques. Dès lors, la dérision a vite fait de passer du côté de la méchanceté, voire de la complaisance envers les méchants, avalisant l'idée d'un monde où il n'y pas de différence entre le bien et le mal.

folie sacrificielle du « guerrier-né » et la dérision, les frontières sont-elles si étanches ? En tout cas la dérision n'est pas la meilleure manière de sortir du cercle de la violence.

Esthétisation : mouvement et obsession du détail

Vite consacré comme un metteur en scène de la violence, John Woo – *A toute épreuve* (*Hard Boiled*, 1992), *Une balle dans la tête* (*Bullet in the Head*, 1990), *The Killer* (1989), *Le Syndicat du crime 1 et 2* (*A Better Tomorrow 1 & 2*, 1986 et 1987) – est considéré par beaucoup comme le Sam Peckinpah de Hong Kong. Mais, à distance de *La Horde sauvage* ou des *Chiens de paille*, John Woo excelle surtout dans l'esthétisation de la violence et dans sa décomposition miniaturiste. Dans ces films, la violence est indissociable de la danse ou du ballet : après Chang-Cheh, l'un des maîtres du cinéma d'action de Hong Kong, John Woo est l'un des tout premiers cinéastes de la région à filmer des scènes de violence à travers le prisme de combats de kung-fu ou d'arts martiaux, voire de la danse (on a également évoqué Jacques Demy). Ou bien elle est circonscrite au moyen d'un détail qui, exacerbé, donne lieu à une prolifération d'images destinée à intensifier le regard alors braqué sur un unique élément d'un corps ou d'une arme. La force de Woo, et la fascination qu'il exerce sur une nouvelle vague de scénaristes dont Tarantino, tient à cette double aptitude à la formalisation. D'un côté des combats qui donnent lieu à un travail corporel permettant de simuler des corps à corps et d'élargir le cadre ; de l'autre, une obsession de la dissection, le braquage sur le détail. Woo recrée la scène du combat mais sans jamais mettre en relation les deux mouvements de décentration (le ballet) et de concentration (le détail), manifestant ainsi le caractère morcelé de la violence quand elle ne renvoie plus à une expérience effective, quand elle n'a plus de sens, quand elle ne correspond plus vraiment à un combat. Un double débordement de la violence, un double excès par morcellement : soit il en accentue un détail, soit il en décompose la trajectoire (procédé utilisé de manière caricaturale dans *Chasse à l'homme* avec Jean-Claude Van Damme). « On a beau jeu de gloser sur ce canardage tous azimuts qui finit par abasourdir (et du moins en ressort-on avec la phobie des armes) mais la violence des *gunfights* n'est jamais restituée dans ce qu'elle a de plus brut. Elle est abolie par la pureté d'exécution des gestes, simple *déréalisation*. Gestuelle codifiée à l'extrême et qui exprime toujours le vrai des personnages. L'arme au poing, le bras tendu, ils se lancent dans une sorte de ballet sanglant où les coups de feu partent sans discontinuer et les corps criblés de balles tombent comme des mouches[1]. »

Mais cette double formalisation ne doit pas tromper : loin d'être une mise à distance, elle contribue à exacerber cette violence affolée puisqu'il n'y a pas de terme concevable à la violence. Vincent Ostria, qui défend ce cinéma, n'en écrit pas moins à propos d'*A toute épreuve* : « Le crépitement des armes est à ce point ininterrompu qu'il provoque un effet de saturation, comme si le film, dans sa surenchère, avait fini par franchir la barre du visible pour accéder à une autre dimension, celle d'un jeu vidéo grandeur nature où, pour progresser dans l'espace, les héros doivent forcément "tirer sur tout ce qui bouge". » L'arrêt sur une image décompose un processus, elle ne laisse aucunement entrevoir – à la différence d'un Kubrick – un apaisement possible de la violence, elle l'exacerbe et la rend plus proliférante encore. Les interruptions sont des formes d'exacerbation plutôt que de distanciation.

Les mensonges de la dérision (des films de Tarantino à « C'est arrivé près de chez vous »)

Si l'on reconnaît à Tarantino un savoir-faire qui le rapproche de John Woo, on souligne également son art de la dérision. Alors que *Reservoir Dogs* se rapproche d'un film de Woo (reste que le ballet de la violence laisse plutôt place à un interrogatoire terroriste), *Pulp Fiction* apparaît plus original. Et pour cause : à la différence de son premier film qui s'inscrit dans la tradition du genre policier, *Pulp Fiction* – c'était déjà le cas de *Sailor et Lula* – donne l'impression de parodier différents genres cinématographiques et d'évoquer des films cultes, laissant au déploiement de la violence une place périphérique. Cette impression est renforcée par la relation qu'entretiennent langage et meurtre (carnage ou assassinat) : les scènes de meurtre – toujours fortement ritualisées – interviennent quand les individus ont cessé de parler (fin de la première séquence) ou ne parviennent plus à parler (scène de l'overdose). Si l'effet de parodie réside de prime abord dans

1. Vincent Ostria, in *Cahiers du cinéma*, juillet-août 1993.

la capacité de jouer avec les mots des acteurs (voir le personnage de Harvey Keitel), il en va de même avec les images de violence.

Or la parodie recouvre difficilement la perte d'identité des personnages : ceux-ci ne peuvent parler qu'en se prenant pour quelqu'un d'autre ou pour eux-mêmes (Travolta joue son propre double). Contrairement à ce qu'on a pu affirmer, ces personnages qui parlent ne sont guère rassurants : leur langage parodique donne toujours lieu à une violence qui intervient « automatiquement » quand le jeu parodique avec le langage s'épuise et laisse place à la tuerie de ceux qui écoutaient et attendaient que le flux de parole s'achève.

La mise en scène de Tarantino est quasi médicale. La séquence du restaurant au cours de laquelle Travolta va danser sur la piste ressemble à une salle d'opération joyeuse et ludique. Mais il n'y a pas là que parodie du rêve hollywoodien, le personnage de Travolta doit jouer les chirurgiens (voir la scène de l'overdose). La distance vis-à-vis de la violence est ici une impression mensongère, il y a moins distanciation, parodie, comme dans *Arizona Junior* des frères Coen, qu'exacerbation de la violence, bref un climat de dérision qui se nourrit, comme dans *Sailor et Lula*, de la destruction du genre lui-même. Ce dont témoignent aussi bien les dialogues que la mise en scène (décors, choix des acteurs). L'impression qu'on ne peut échapper à la violence n'en est que plus forte : quand la violence éclate, elle est plus intense que jamais car on s'aperçoit que le jeu n'en valait pas la chandelle. Et qu'il n'y a rien, strictement rien à quoi se raccrocher. Tarantino ne sort pas du cercle de la violence, il a juste tenté de la ritualiser en recourant de manière fétichiste à des séquences de l'histoire du cinéma.

Sorti sur les écrans en 1992, le film belge *C'est arrivé près de chez vous* (Belvaux, Bonzel, Poelvoorde) pousse jusqu'au bout l'esprit de la dérision au point de sacrifier la capacité de se distancier que certains veulent pourtant lui reconnaître. Le plus souvent, on a accueilli ce film qui raconte une histoire fort simple et dans l'air du temps – « Une équipe de télé suit un *serial killer* et, dans un premier temps, filme les meurtres, dans un second y prête la main, dans un troisième, en meurt. Les crimes sont filmés avec une caméra à l'épaule pour donner, à l'instar de ce qui se pratique à la télé, un plus de réalité qui se voit renforcé par l'usage des zooms, des déformations angulaires[1]... » – en y voyant un canular ou un *reality show* cinématographique. C'est mal voir la limite d'un film qui veut dénoncer l'esthétisation de la violence en montrant la crudité et la bêtise d'un tueur : « Le film, écrit avec lucidité Jean-Marie Lacrosse, est de part en part auto-référentiel : il n'y a plus de pudeur au cinéma et à la télévision (disent les réalisateurs), d'ailleurs regardez, la censure ne va même pas intervenir ! Les journalistes sont complices, d'ailleurs regardez, ils vont nous suivre sans exception [...] Bref, il serait hautement improbable que la structure de l'auto-référence perde toute pertinence quant à ce qui reste le référent principal du film : le criminel[2]. » En effet, quand la dérision s'emballe et ne parvient plus à freiner le flux des images, quand tout se vaut sur l'écran, quand le vrai ne se distingue plus du faux, la dérision finit par considérer l'arme du crime comme un instrument parmi d'autres et l'assassin comme un homme parmi beaucoup d'autres. Bref la dérision repose ici sur une volonté de « désesthétisation » (on est aux antipodes de Tarantino ou Woo) qui finit par valoriser tous les simulacres en mettant tout sur le même plan : quand la dérision ne parvient plus à créer la moindre distance vis-à-vis du criminel, de celui qui fait le mal, il n'y a plus de hiérarchie entre le bien et le mal. Plus rien ne fait mal, et il est « naturel » de se familiariser avec les criminels, de réaliser un reality show autour de leur cas. Faut-il que nous voulions nous protéger de la violence environnante et que nous soyons terrorisés par le passage à l'acte des *serial killers* pour ne plus voir en eux que les aliments d'un spectacle destiné à faire rire « ceux qui crèvent de peur » ? « Dans l'imaginaire, c'est le psychopathe qui symbolise le mieux la violence sourde et invisible du moindre des individus : le criminel même approché de l'intérieur continue d'"exorciser" nos peurs[3]. »

Quand la dérision s'en prend à l'esthétisation de la violence et à la bêtise d'un tueur en série – celui-ci n'ayant rien à voir ici avec la figure du psychopathe proche du fou génial romantique –, le film n'en cède

1. Carole Desbarats, in *Trafic*, article cité.
2. Jean-Marie Lacrosse, « Enquête sur un crime symbolique. A propos de *C'est arrivé près de chez vous* », *Recherches en communication*, Louvain, nº 2, 1994.
3. Jean-Marie Lacrosse, article cité.

pas moins à une relativisation du mal et du crime : il se contente en effet d'ajouter des images à d'autres sans jamais renverser le cours « inéluctable » de la violence. Bien au contraire.

Au terme de cette première vision de films, on saisit mieux la caractéristique première de cette « nouvelle économie » des images de la violence : l'acceptation de la violence comme inéluctable. L'aspect insatiable, la volonté dévoratrice de ces images n'est pas sans lien avec l'idée qu'on ne peut pas faire grand-chose contre le mal violent. Il ne reste plus alors qu'à montrer cela à l'écran le plus vite possible ou de manière étourdissante, voire dérisoire.

DEUXIÈME PARTIE

Comment s'en sortir ?

« On cède à la panique et des fois on se met à courir. Et si on se met à courir c'est encore pire parce qu'on a l'impression que c'est le monde entier qui vous poursuit et on a peur de s'arrêter. »

Tony Hillerman, *Là où dansent les morts*

DANS CETTE PARTIE, les scénarios évoqués portent sur l'expérience de la chute dans la violence. Des chutes libres, et d'autant plus vertigineuses qu'il n'est jamais possible, dans la plupart de ces films, de se rattraper à quoi que ce soit : ni à des solidarités organiques, ni à des familles, ni à des groupes politiques, ni à des institutions. Ont disparu les solidarités qui organisaient la cohésion sociale et permettaient aux individus de convertir leur violence personnelle en énergie collective. La violence s'est inversée : de structurante, elle est devenue déstructurante ; de constructrice, elle est devenue destructrice. Au risque de croire qu'elle est désormais « fatale ».

Le montage des films proposé ici est arbitraire : il part d'un film français avant d'évoquer des films néo-zélandais, macédonien, américains... Il n'en propose pas moins de répondre à la question initiale, celle qui est au centre d'un film comme *La Haine* : comment s'en sortir ? Comment sortir du cycle infernal et infini de la vengeance et de la haine ? *L'Ame des guerriers* y répond remarquablement en proposant autant de scénarios qu'il y a de membres dans cette famille qui vit près d'un boulevard périphérique à Auckland en Nouvelle-Zélande. Mais l'issue qualifiée de « communautariste » – la femme part finalement vivre avec ses enfants sur la terre de ses ancêtres – mérite qu'on s'y attarde. Elle oblige à faire le lien entre la question de la violence et celle de la mort. Ne pas succomber à la violence exige de nouer une relation avec la mort sans la rejeter : l'épreuve de la violence renvoie paradoxalement au respect des morts. Sur ce point, deux films américains, deux films d'acteurs habitués à jouer les canardeurs ou les délinquants, permettent d'avancer : dans *Unforgiven*, Clint Eastwood met en avant la question du pardon et oblige à considérer les diverses modalités de la violence ; dans *The Indian Runner*, Sean Penn montre, pour sa part, des personnages qui ont tous terriblement peur de la violence dont ils se savent capables.

Plus que jamais, il faut en sortir, mais comment ? La réponse idéale n'est pas donnée, celle d'une cité qui serait capable de composer avec la violence des individus. Mais les personnages féminins jouent fréquemment un rôle crucial dans ces films : les femmes, quand elles ne succombent pas à la fascination de la violence masculine, quand elles ne veulent pas prendre violemment la place des hommes violents [1], sont à peu près toujours l'instrument d'une régénération. Et pour cause : la femme répond à la violence destructrice par la violence de la naissance, de la génération. Si *La Haine* est un film sans femmes, les autres films évoqués dans cette séquence mettent au centre de leur scénario des femmes, histoire d'imaginer des issues possibles à la violence aveugle. Violence, respect des morts, rôle de la femme : ces trois thèmes récurrents traversent ces scénarios.

En suivant l'exemple des « cinémas de Beyrouth », on verra, dans le texte publié en annexe à la fin de ce livre, comment la manière de filmer une ville depuis des décennies éclaire le clivage de l'Orient et de l'Occident et la violence qui le sous-tend. Mais il permet aussi de se poser deux questions : comment le cinéma violent se nourrit-il des images de la guerre urbaine et pourquoi la guerre urbaine est-elle de plus en plus souterraine, invisible, terrorisante ? En témoignent aujourd'hui, loin de Beyrouth assagie par la « pax syriana », des films aussi différents que *Léon* de Luc Besson ou *Underground* de Kusturica.

1. L'exercice féminin de la violence est alors une phase de la guerre sexuelle ; voir deux films qui flirtent avec la dérision : *Last Seduction* de John Dahl (1995) et *Bound* de Larry et Andy Wachowski (1996).

1. Les esclaves de la violence

(« La Haine »)

Regarde-les tomber

« Qu'importe le pourquoi,
le vent m'emporte à petits pas. »

Fort maladroit dans sa lutte contre une récupération possible de son film par le « système », le jeune metteur en scène Mathieu Kassovitz subit les foudres et les jalousies de ceux qui admettent mal, dans le climat consensuel qui a accueilli *La Haine*, qu'on puisse considérer son film comme l'un des premiers « films-banlieue »[1]. Oubliant au passage des réalisations, encore récentes, comme *Laisse béton* de Serge Le Péron ou *De bruit et de fureur* ou *La Vie comme ça* de Jean-Claude Brisseau.

Si difficile soit-il d'interpréter l'écho remporté par ce film salué de droite à gauche quasi unanimement, applaudi par la presse magazine la plus paresseuse comme par les revues de cinéma les plus exi-

---

1. Fidèle aux propos de Kassovitz, je distingue ici les deux termes de « banlieue » et de « cité ». Je ne me préoccupe pas outre mesure de savoir si la banlieue représentée dans le film, en l'occurrence la cité livrée à elle-même, renvoie l'image véritable des banlieues. Bien entendu, Châtenay-Malabry n'a rien à voir avec Chanteloup-les-Vignes… M'intéresse surtout le double constat qui fait office de leçon politique plutôt que le message anti-flic ou les images de haine : cette banlieue n'existe pas au sens où on ne peut pas y exister, et elle n'est pas séparable de la bonne cité qui est « pire qu'elle ». Bien des malentendus sont liés aux déclarations de Kassovitz qui, vivant en ville, ne craint pas d'affirmer qu'il vit et parle comme les jeunes de la cité et qu'il en est proche.

Sur la ville contemporaine et la non-ville, voir Olivier Mongin, *Vers la troisième ville ?*, préface de Christian de Portzamparc, Hachette, 1995.

geantes, *La Haine* de Mathieu Kassovitz a certainement bénéficié de la sortie parallèle de nombreux films sur les « cités de banlieue » (*Raï* de Thomas Gilou, *Hexagone* de Malek Chibane, *État des lieux* de Jean-François Richet...), mais aussi des grandes envolées politiques sur une « fracture sociale » de plus en plus traduite en langage urbain (il y aurait ceux de la ville et les autres). Pour qui mettrait en doute l'existence de cette fracture, ce film mérite toute notre attention, car loin de stigmatiser la banlieue, il fournit des enseignements relatifs à la société globale et résiste au clivage habituel entre l'égalitarisme républicain et le multiculturalisme à l'anglo-saxonne. On est en vérité bien au-delà : le film rejette de concert toute hypothèse identitaire, qu'elle soit républicaine ou culturaliste. C'est de l'impossibilité même de cultiver une identité (personnelle ou collective) qu'il est question ici.

Synopsis de « La Haine » (1994)

Une cité HLM normale, sans problèmes spécifiques, se réveille un matin en état de siège. Les jeunes de la cité des Muguets ont passé la nuit à faire la guerre à la police qui vient de commettre une bavure : Abdel Ichah, 16 ans, est entre la vie et la mort, blessé par un inspecteur pendant un interrogatoire. Une bavure de plus pour une émeute de plus... Aveuglés par la haine du système, Hubert, Saïd et Vinz, trois amis, qui ne se quittent jamais, vont vivre la journée la plus importante de leur vie. Car aujourd'hui, ils ne sont plus trois, ils sont Quatre.

Il y a Saïd qui essaie de survivre grâce à ses petits deals foireux. Il y a Hubert qui essaie de faire survivre la cité à travers une réflexion pacifiste. Il y a Vinz qui pense que la survie passe par la haine. Et puis il y a un quatrième protagoniste : le Beretta 9 mm automatique chromé qu'un des policiers aurait perdu pendant l'émeute.

24 heures de la vie d'une banlieue et des jeunes qui l'habitent. 24 heures pour trouver une solution à la haine qui oppose les deux camps. Car si tuer un flic avec sa propre arme n'est pas la solution, alors quelle est la solution ?

Contrairement à tout ce qu'on a pu affirmer à la légère, ici et là, histoire d'applaudir ou de conspuer un « film-banlieue » fabriqué par des gens « de la ville », *La Haine* n'est pas un film sur la banlieue (ici dénommée utopiquement cité, terme que nous conserverons désormais), et destiné à exhiber le fossé qui sépare celle-ci de la ville. Dans cette œuvre tournée près de Paris, à Chanteloup-les-Vignes, on ne voit guère les habitations (quelques plans d'immeubles ressemblant à des parois de varappe, et prises de face pour mieux en souligner le caractère infranchissable), et encore moins les habitants ou l'environnement familial des personnages principaux.

Et pour cause. Sur le plan de la vision et de l'organisation spatiale, on se trouve le plus souvent en hauteur (sur les toits) ou bien en bas (dans les caves et les souterrains qui permettent d'échapper à la police et de « fuir comme des rats »). Comme s'il était trop dangereux de vivre à une altitude normale, de prendre pied sur le sol de la cité, à hauteur humaine. Effectivement : dès que les personnages restent trop longtemps sur la place principale de la cité – celle que scrutent inlassablement les regards lunaires de Baudelaire et Rimbaud dont les visages, purs décors urbains, sont dessinés sur les murs environnants – ou sur le terrain de jeux désolé et jonché de seringues, il se passe quelque chose (arrivée de la police, appel d'une voiture où se trouvent des individus décidés à casser du flic...).

Pour le dire autrement : de même qu'il n'y a pas d'espace susceptible d'assurer une médiation, de lieu public où échanger, les trois personnages qui rythment et portent physiquement le film – Vinz le juif, Saïd l'Arabe, Hubert l'Africain – sont condamnés à faire du « surplace », ou bien à foncer, à fuir de l'avant. La recherche d'un espace de liberté « par le haut ou par le bas » est une illusion car, où que l'on soit, en dépit d'une attraction sensible pour le grand air ou pour les souterrains, pour la lumière ou pour l'obscurité, il n'y a guère de possibilité de s'en sortir. Voire aucune.

Si les murs de la cité ne sont guère présents sur l'écran, on n'entre guère plus à l'intérieur des domiciles de la cité. Exception faite, une seule fois, dans les familles – juive et africaine – de Vinz et Hubert. Ce qui fournit l'occasion de constater que les hommes ont déserté et que la famille, devenue passive, se compose désormais essentiellement de femmes : vieilles femmes symbolisant la mémoire défaillante, mères solitaires condamnées à trimer, jeunes filles tenues à l'écart des bandes et soucieuses de réussir scolairement.

La banlieue existe donc paradoxalement peu dans ce film – pas plus un espace substantiel de la « banlieue » qu'une culture des banlieues – qui raconte le périple d'une bande de trois garçons au cours d'une journée. Et l'heure de s'afficher régulièrement sur l'écran. Leur petite histoire intervient après un violent assaut de police qui se solde lourdement par l'hospitalisation d'un proche auquel ils essaieront vainement de rendre visite ; avant que sa mort « officielle » ne déclenche un désir irrépressible de vengeance. A en rester à ce premier niveau de lecture, on peut se contenter de voir dans *La Haine* un film où des jeunes des banlieues cherchent à se venger contre la police, contre des flics auxquels l'un d'entre eux a ravi son pistolet. Et Kassovitz a lui-même accrédité maladroitement cette version : « J'ai réalisé ce film, dit-il en substance, en pensant à mes parents, des anciens de 68 qui vivent aujourd'hui dans le Ve arrondissement de Paris, au risque d'oublier que la police peut tuer. » Mais, hormis les séquences initiales – elles ont d'ailleurs le défaut de renforcer l'hypothèse du film à message et de créer un climat manichéen – qui se présentent sous la forme d'un reportage de télévision, les policiers ne sont pas omniprésents dans la cité, et les séances de bagarre ou les échauffourées plutôt rares. Les policiers sont le plus fréquemment mis en scène individuellement ou par petit groupe : soit ils interviennent comme des médiateurs impuissants (la scène du toit), soit comme des tortionnaires en puissance (au cours de la séquence tournée dans un commissariat parisien, Hubert et Saïd sont soumis à des pratiques d'une grande violence par des policiers en civil sous les yeux soupçonneux d'un jeune flic). Par ailleurs, au cours de la bagarre parisienne avec les skinheads – Vinz s'y avère incapable de tirer alors qu'il n'a pas cessé de hurler qu'il veut casser du flic –, Hubert affirme clairement qu'il peut y avoir de bons flics mais certainement pas de bons skins. Dans ces conditions, réduire *La Haine* à un film anti-flic ou à un film-banlieue est un peu court. Le premier titre, *Droit de cité*, a d'ailleurs été abandonné bizarrement au profit de *La Haine*.

La violence du film réside dans « la chute libre » de trois personnages qui ont perdu leur corde de rappel, et ne s'agrippent plus à rien, ce qui va en première analyse dans le sens de ceux qui reprochent à

Kassovitz d'avoir mis entre parenthèses tous les jeunes de la cité qui cherchent à s'en sortir de manière volontariste et refusent toute logique de vengeance.

Mais cette critique est injuste, les trois personnages cherchent eux aussi à s'en sortir « par tous les moyens ». Ils chutent progressivement dans la violence parce qu'ils ne parviennent pas à s'en sortir, à sortir, à partir, à quitter ce « non-lieu » de la cité. Il n'y a pas de frontière tangible entre ceux qui veulent bien s'en sortir et ceux qui ne le veulent pas : le monde de la cité est composé de ceux qui y parviennent mais aussi de ceux qui y échouent. Telle est l'interrogation qui traverse le film : comment s'en sortir sans tomber ou se foutre en l'air, sans se perdre dans le noir des souterrains ou s'inventer de faux paradis ensoleillés ? Comment éviter la chute mortelle (la drogue, la casse, la violence) ? Comment échapper à l'esprit de vengeance ? La force de *La Haine* réside dans sa capacité à montrer des corps pris dans une chute de cinquante étages. Si les uns ne s'en aperçoivent qu'au moment de l'atterrissage (Vinz), d'autres en prennent conscience, mais dans le plus effrayant des silences (Hubert). Le prologue du film – on entend la voix off d'Hubert, l'un des trois personnages – en décrit parfaitement l'intention : « C'est l'histoire d'un homme qui tombe d'un building de cinquante étages. A chaque étage, au fur et à mesure de sa chute, il se répète pour sans cesse se rassurer : "Jusqu'ici tout va bien, jusqu'ici tout va bien, jusqu'ici tout va bien…" [1] » Et Kassovitz de préciser : « L'important ce n'est pas la chute, c'est l'atterrissage. »

Corps sans histoire

D'emblée, le film, non sans évoquer les scènes d'ouverture de *Taxi Driver* de Martin Scorsese déjà reprises par Quentin Tarantino dans *Reservoir Dogs*, met en scène l'identité de trois personnages qui forment un trio conflictuel aucunement réductible à une bande ethnique ou à un groupe du type mafieux ou délinquant. Se démarquant

1. *Jusqu'ici tout va bien*, par Gilles Favier et Mathieu Kassovitz (scénario et photographies autour du film), Actes Sud, 1995, p. 17.

de la forme cinématographique du documentaire (télévisuel ou non), *La Haine* commence par exhiber la « signature » (le « nom propre ») de chacun des membres du trio : Saïd écrit son nom sur un car de police, en manière de défi, à l'aide d'une bombe à peinture ; Vinz expose sa gourmette à la caméra ; Hubert se présente devant une affiche annonçant un match de boxe où son nom est inscrit. Tout est déjà dit de leurs comportements futurs : la provocation et le jeu de Saïd ; les excès de Vinz qui cachent fragilité et blessures psychiques ; la volonté d'Hubert de s'en sortir par le combat sportif, même si l'on pressent l'échec final. Tout est déjà dit de l'identité blessée de ces trois corps dont le nom propre n'est guère mieux affirmé par la référence à des traditions familiales fragiles : nous ne connaîtrons pas la famille arabe de Saïd (à aucun moment le moindre lien avec l'islam n'est d'ailleurs évoqué) ; le comportement de Vinz fait dire à sa grand-mère qu'il est en train de rompre avec la synagogue ; Hubert l'Africain deale pour aider sa mère qui a le reste de la famille à charge. De même que l'espace est physiquement absent – il se résume à un lieu de passage qui donne énormément d'intensité à des corps qui n'en finissent pas de jouer, de se mettre en scène, de se prendre pour ce qu'ils ne sont pas –, l'indétermination des identités est corrigée par des « personnages » fort bien campés par les acteurs. De prime abord il ne se passe rien : « Au début, l'idée de *La Haine*, déclare Kassovitz, c'était qu'il ne se passe rien[1]. » L'imaginaire cinématographique trouve ici sa raison d'être : ces individus « flottant dans la cité » sont des acteurs qui jouent superbement, se prenant pour des héros de série ou des stars (Mel Gibson, Sylvester Stallone...) – « Les yeux rivés sur la télé, rien ne m'échappait [...] Il n'y a qu'un pas de la fiction à la réalité, j'en ai fait deux, et je suis en train de crever, je m'envole mais mon corps reste au sol aveuglé par une image, j'ai choisi le mauvais rôle » (Iam Daddy et Nuttea, *La 25e Image*) – ou rêvant de devenir des champions de boxe. Une séquence le montre sans ambiguïté : mieux vaut rêver à ce qu'on pourrait être que de se laisser berner par des journalistes qui essaient de vous prendre par surprise et de vous faire passer pour des « casseurs de cités », ces individus qui n'existent juste-

1. Entretien accordé à la revue *Positif*, juin 1995. Les extraits de cet entretien seront désignés désormais par l'abréviation *Pos*.

ment que dans les images. Ils n'existent pas au sens où les décharges de violence anti-flics signalent, plus que tout, que la cité elle-même n'existe pas, et que ses habitants sont des fantômes qui sortent la tête uniquement pour injurier les autres ou s'en prendre à ce qui se passe au-dehors, de l'autre côté de la fenêtre.

> « En somme, je suis l'homme de la pluie
> L'enfant du beau temps, mais le temps fuit
> Et m'entraîne avec lui dans l'oubli
> Qu'importe le pourquoi, le vent m'emporte à petits pas
> Alors m'accroche et combat
> Pour ma cause, je pars à l'assaut, donc pas de cadeaux
> Je veux ma place sur le bateau. »
> (Sens Unik, *Le vent tourne*)

« Il m'a enfermé dehors. » Cette phrase balancée par Saïd vise un chauffeur de taxi qui refuse de les prendre à Paris, et justifie bien ce sentiment d'être mis au ban d'un lieu habitable, d'un espace vivable. On est « dehors » et on cherche à rentrer « dedans », à trouver un dedans, c'est-à-dire à s'en sortir. On est projeté au-dehors (par absence d'une dialectique du dedans et du dehors sans laquelle la cité n'a pas de sens), et il n'en faut pas moins trouver un dehors qui puisse se transformer en un dedans vivable. « Lorsqu'on n'a pas de place – et c'est toute la violence du “rien à faire”, c'est toute cette nudité de l'être que l'image capte et nous renvoie : la violence d'être hors-lieu et de n'avoir aucun lieu d'être[1]. »

D'où la volonté de se précipiter ailleurs, de trouver une issue à un dehors infini qui envahit la tête et rend fou. Ne laissant à ces corps d'autre porte de sortie que de camper un personnage. Et les personnages de Vinz, Hubert et Saïd sont des corps oscillant entre passivité et mise en mouvement plus ou moins désordonnée. Entre une démarche cherchant à attirer indiscrètement le regard et une

1. Daniel Sibony, in *Cahiers du cinéma*, juillet-août 1995.

course destinée à fuir, le danger, le vrai danger (les flics), mais aussi tout ce qui est inattendu.

Entre le repos et la fuite intervient d'abord le temps où l'on se montre, où l'on s'expose pour prouver au regard des autres qu'on est là. Mais à qui ? A de rares filles qui vous envoient sèchement balader, aux autres petits groupes – mais jamais des bandes – qui vous prennent à partie. Il faut être le moins seul possible dans un monde où le périple individuel fait loi à défaut de bandes (ou de communautés) constituées : d'où cet échange d'énergies qui scande l'action d'un trio n'en finissant pas, à la différence de la bande qui fait meute autour d'un chef respecté, de se défaire et de se refaire au gré des malentendus et des discordes, des violences verbales et des injures. Dans la mise en scène du trio – le film expose bien cette existence d'un groupe qui n'est pas une bande, et qui ne cache jamais la déperdition identitaire initiale (qu'elle soit personnelle ou collective) –, chacun joue sa partition, chacun cherche à trouver un semblant d'issue.

Quitte à trop faire porter aux autres ce dont il ne peut se passer : Vinz, en apparence le plus violent, laisse entendre en roulant les mécaniques qu'il va venger Abdel Ichaha en se servant de l'arme chapardée aux flics ; Hubert refuse la vengeance armée mais se laisse prendre par la drogue et le trafic, avant de venger, dans la scène finale, d'un coup de pistolet son ami Vinz abattu par un flic ; quant à Saïd, « le jacteur », il fait office de médiateur entre les deux premiers qui sont toujours au bord de la guerre déclarée. Le plus rusé des trois, Saïd, parle constamment et fait preuve d'un humour détonnant, mais il est aussi celui qui a pris le plus de distance avec la cité puisqu'il travaille à l'occasion pour des prostitués parisiens.

Sonorités en mal de langage

De ces personnages à identité fragile, on voit surtout le look, leurs styles respectifs les renforçant mutuellement, quitte à provoquer des désaccords. Saïd, Vinz et Hubert se confondent avec leurs corps (sombrant dans la passivité ou suractivés). Des corps qui n'en finissent pas, une fois mis en mouvement, d'échanger de l'énergie, de la violence, de la passion. Mais ce ne sont pas des corps silencieux, ils produisent des sons, à défaut de parler et de se raconter des histoires susceptibles de trouver une fin. Comme si les sons représentaient ici, dans la cité, une prodigieuse extériorité permettant de prendre un peu de distance vis-à-vis d'un monde « sans dedans ni dehors », et condamnant de ce fait inéluctablement à glisser et à s'enfoncer.

« Assez, assez, en voilà assez
Le système glisse, mène, sonne ton requiem
Haine, peine parsème le dilemme
Le système glisse, mène, sonne ton requiem...
Arrêtez, j'étouffe, laissez-moi respirer
Ma vie, perd son sens, mon goût, mon souffle est épuisé...
Tout s'efface, qu'est-ce qui se passe, où sont mes traces
Dans un désert de glace, ma face, mon tout devient flasque
Un casque, un masque à gaz, pour mon crâne
Puisque dans mon cerveau bouillonne une tempête,
une bourrasque... »

(La Cliqua Requiem)

La bande-son, extrêmement riche, évoque une panoplie de bruits divers qui font comprendre comment on s'accroche à des sons. Mais son rythme discontinu symbolise néanmoins le décalage entre une grande variété de formes sonores dont la valeur n'est pas identique (sur le plan de la capacité d'échange) : la parole, le bruit, la musique. Cette bande (à plusieurs entrées) manifeste d'une part le rôle crucial des sonorités (ce qu'on entend quand plus rien ne se passe – « rien à voir, personne à voir » – dans un lieu rimant avec une prison mentale) ; et d'autre part l'hiatus entre des sonorités d'autant plus fortes que peu langagières. Il n'est donc guère convaincant de saluer avec ce film l'émergence d'un nouveau langage – un langage-banlieue apparenté à celui des rappeurs, ou des textes de MC Solaar[1] – alors

1. Le thème de *La Haine* est omniprésent dans les chansons qui rythment le film (voir les extraits de certaines d'entre elles présentés en encarts dans cet article), mais l'erreur est de regarder le film en fonction du texte explicite des chansons, qui sont

que le travail des sons manifeste cruellement qu'il y a d'autant plus de bruits discontinus que « ça ne parle pas » (la seule parole est ici le cri, le hurlement).

Certes, Saïd le « jacteur » est le personnage essentiel : médiateur permanent, hâbleur infatigable, détourneur de mots, gourmand de la langue, il montre « par défaut » que l'art de la parole organise la relation. Il n'en finit pas de parler pour dire qu'on ne parle pas, qu'on ne sait pas de quoi on parle, qu'on ne s'entend pas (à cause du bruit qui tue la langue), et qu'on n'en finit pas de ne pas se comprendre. Il faudrait s'entendre, se parler un peu mais il y a trop de bruit, le bruit des corps en mouvement, le bruit de la musique, le bruit des machines et des voitures, ou l'écho de la moto d'un personnage qu'on ne verra pas à l'écran mais que l'on salue quand il passe derrière la rangée d'immeubles. La cité fait trop de bruit, et on s'y attache !

Dans *La Haine* les personnages ne se parlent pas, ils annoncent en permanence qu'ils vont se raconter des histoires dont ils oublient immanquablement le commencement ou la fin. La langue dérape au même rythme que l'histoire susceptible d'une narration : avec Saïd on peut se rappeler les élucubrations d'un Coluche, celui qui recommence toujours ses faux départs, rate le début d'une histoire qui ne commence jamais vraiment (« C'est l'histoire d'un mec. Oui, c'est l'histoire d'un mec... »). Mais Coluche est ici revisité par les rappeurs, il a brisé complètement les ressorts de la langue aux dépens de son personnage fétiche qui ne fait plus rire en rien, par manque d'adhérence, de consistance sociologique, par absence d'identité. L'une des plus belles séquences du film est celle au cours de laquelle Sam, un jeune Arabe – ce sont les Arabes qui parlent le mieux alors qu'on ne montre jamais leur arrière-plan familial –, méduse les trois autres (Vinz, Hubert, mais aussi Saïd le beau parleur du trio) en leur racontant « jusqu'au bout » une histoire interminable et difficilement compréhensible de caméra cachée et de « mec connu » qui les laisse pantois et ébahis (mais comment s'y prend-il pour parler ainsi ? Comment fait-il pour aller jusqu'au bout de ce qu'il raconte ?). Y répondra plus tard,

plus « anti-flics » que le film lui-même. (« Quand tu dis tout haut ce qu'on ne pense même pas tout bas, et c'est la haine qui guide les fous, comme dans un film de John Woo », MC Solaar, *Comme dans un film*).

à Paris, une autre histoire. Celle que raconte, au trio qui la comprend mal, un vieil homme dans les toilettes d'un bistrot : l'histoire d'un dénommé Grunwalski avec lequel le vieil homme a été déporté à Dachau puis en Sibérie. Ces deux histoires, les deux seules qui ont un début et une fin, interfèrent : la pesanteur des crimes du siècle et celle d'une cité où il ne faut pas se laisser piéger sont l'unique mémoire, une « fosse commune ».

On ne parvient guère à se parler, on essaie néanmoins d'échanger des mots, des semblants d'histoire, il en va d'ailleurs ainsi avec les flics (on ne peut pas se comprendre, hurle le flic aux apparences de travailleur social qui les reconduit à la cité après la virée malheureuse à l'hôpital). Plutôt que d'un « langage-banlieue » – illusion entretenue à tort par le texte trop éloquent, trop écrit, trop fort, des chansons de rap qui rythment le film –, mieux vaut saisir le rôle des bruits discontinus qui constituent l'un des dehors possibles à ce monde sans dedans.

Ce dehors donne l'impression qu'on est accroché à quelque chose, il est si bruyant et varié qu'on ne peut le réduire à une « langue-banlieue » qui serait une invention de langage. Au milieu des sons qui réveillent et « accrochent », laissant croire qu'on n'est pas condamné à sombrer, à tomber, le langage brille par sa quasi-absence. On entend beaucoup de mots, mais toujours prononcés en vue de mettre en route une histoire impossible. Une histoire qui n'arrive pas à sortir. On n'en sort donc pas par le son, si violent soit-il. La violence et la puissance des corps apparaît d'autant plus intense que le langage est un élément faible et fragile parmi les autres sonorités multiples qui matérialisent « l'arrière-fond sonore de la cité ». Et l'on ne voit jamais mieux les corps que lorsqu'ils se mettent à danser grâce à une musique qui les propulse et les anime. On ne les voit jamais aussi bien que lorsqu'ils dansent sur la tête, tourbillonnant, vrillant comme des toupies ou des derviches tourneurs. Les corps ne sont jamais au mieux, plus heureux, que lorsqu'ils prennent le parti de danser, acceptant de se taire et de profiter d'une musique qui sort de ses haut-parleurs pour tourner sur eux-mêmes. Que l'on danse de manière violente sur le ring de boxe, ou en solitaire sur le sol de la cité, le corps manifeste qu'il n'a rien à dire mais qu'il ne s'en meut pas moins « en beauté ». En toute solitude cependant (Vinz face à la caméra, le rappeur la tête à l'envers...) : le ballet composé par Bernstein pour exprimer le combat entre les *jets* et les *sharks* dans *West Side Story* est complètement étranger à ce monde dépourvu d'espace, où le son dévore les énergies sans parvenir à les libérer. Puisque le corps émet de lui-même fort peu de mots, il n'est jamais plus à l'aise que lorsque des bruits extérieurs le renvoient à son propre silence.

De la cité à la ville

La cité (la « téci » en verlan) est un monde qu'il faut quitter. Ce lieu de bruits et de sons ne favorisant guère l'invention d'une histoire, la création d'histoires parallèles, le mieux est d'en partir. *La Haine* est loin de se cantonner à la cité de Chanteloup-les-Vignes, près d'une moitié des séquences se passe en dehors, ailleurs. Mais où part-on ? Certainement pas « à la campagne », pour reprendre le titre d'un film récent de Manuel Poirier où des citadins malheureux et mélancoliques décident de vivre dans des petites bourgades rurales. On part à la villc : quand la banlieue est parisienne on se rend à la capitale. Et à peine sorti du RER, on pénètre dans ce trou des Halles qui demeure le ventre de Paris. Les séquences de RER et la descente dans le trou des Halles renvoient à la réalité d'une banlieue qui se déverse à Paris, dans cette ville qui a la prétention ridicule d'incarner la bonne cité face aux mauvaises cités de sa banlieue. En réalité, on sort de la cité, mais pour trouver encore pire, le monde qui est à l'origine des mésaventures de la cité de banlieue. Paris, transformé en « domaine réservé » par ses édiles, précipite la chute de ceux qui viennent cogner à ses portes beaucoup plus qu'elle ne se présente comme un espace destiné à accueillir ceux qui « sortent » physiquement de leur mauvaise banlieue pour « s'en sortir » mentalement. Paradoxalement, Kassovitz cherche à salir Paris et à rendre la cité belle, trop belle.

Deux plans sont comme la métaphore de cette dialectique impossible entre les deux lieux : un premier plan aérien survole rapidement la cité avant de s'élancer vers l'infini symbolisé par la trouée du ciel « au-dessus », manifestant ainsi qu'il n'y a pas d'arête, de bande d'arrêt dans la cité, qu'il faut partir de l'avant, foncer, se laisser prendre par l'infini des désirs et des passions ailleurs, quitte à s'amocher, à se casser la figure. Le second plan – un travelling compensé –, pris cette fois depuis l'esplanade de la tour Montparnasse, fait entrer dans la ville que l'on regarde en profondeur (et non plus selon une perspective illimitée), le regard se dirigeant vers le clocher de l'église Saint-Germain-des-Prés. Au regard qui ne s'accroche à rien, à l'absence de repères et de ligne d'horizon, correspond dans le cas de Paris un regard qui s'enfonce dans un espace circonscrit. « Ce que je voulais, c'est que dans la cité on soit en très courtes focales, pour bien intégrer les gens au décor, et à Paris en longues focales, pour pouvoir détacher le fond et vraiment les avoir, eux » *(Pos)*. A ce premier décalage qui réside dans la vision répond une différence dans la perception des sons : à une perception discontinue dans la cité fait écho dans le cas de Paris un flux continu de bruits où tout est enchevêtré, mêlé, sans qu'apparaissent des plages sonores différentes. « On a travaillé aussi la rupture pour le son : la cité est en stéréo, très large, et Paris est complètement mono » *(Pos)*. D'où l'impression de s'enfoncer sur les plans visuel et sonore dans la ville de Paris, mais on se laisse simultanément prendre par son flux, la ville aspire plus qu'elle ne projette en l'air ou fait sombrer, on se trouve à niveau, à hauteur d'homme, dans un face-à-face qui tourne généralement mal (mais ce n'est plus celui des jeunes et des flics dans la cité). Cette « mise à niveau » n'est pas le présage d'un vivre-ensemble plus heureux, d'une urbanité réussie. Volontairement ou non, l'un des arguments du film est de montrer que la dialectique de la ville et de la cité-banlieue n'a guère de sens, que tout est déjà joué au sein d'un ville dont la cité de banlieue n'est qu'une périphérie, une relégation spatiale. Dans ces conditions, « monter à la ville », « partir en ville », revient immanquablement à prendre des coups supplémentaires, à multiplier les désillusions, et à exacerber une situation dont l'individu est déjà profondément prisonnier mentalement et physiquement. Dans *J'embrasse pas* (1991), André Téchiné a montré comment l'expérience traditionnelle de la montée du jeune provincial à la capitale – on est dans un autre cas de figure que celui de la banlieue – peut se solder par un échec. Dans *La Haine*, le trio sort de la cité et monte à Paris, mais c'est dans cette ville, la Ville par excellence, qu'ils ressentent plus que partout ailleurs l'impossibilité de s'en sortir. Il n'y a pas la ville et la mauvaise banlieue, mais un régime défaillant de l'urbanité paradoxalement plus fort là où l'on croit que la Cité a du sens. D'où les séquences, pas toujours les meilleures car les plus manichéennes (le bourgeois est un ennemi plus facile à diaboliser que le flic), où le trio se confronte à une succession d'échecs. Autant de figures possibles de leur devenir : la mendiante du métro qu'ils ridiculisent par crainte de lui ressembler, le prostitué avec lequel le jeu se termine mal, le bourgeois artiste, le jeune flic écœuré par les faits et gestes de ses collègues qu'il ne tardera pourtant pas à copier. Et les épisodes de s'accumuler : Saïd injurie une SDF qui demande l'aumône dans le métro, la visite chez le prostitué de luxe drôlement appelé Astérix donne lieu à une rixe à propos de l'usage d'un pistolet, le refus d'être admis dans une boîte de nuit est à l'origine d'un règlement de comptes mortel[1], la faune de la galerie de peinture d'avant-garde est prise à partie, et dans la scène du commissariat le trio subit des violences inadmissibles...

Paris témoigne donc que le dehors de la cité (ce monde sans intérieur ni extérieur qui condamne à partir dans les hauteurs ou à sombrer dans les caves) n'est pas la ville dont la banlieue serait « l'arrière-ban ». Paris apparaît comme un déversoir de passions et de violences dont est rejeté immédiatement celui qui désire s'y rendre pour « s'en sortir » car la violence y est plus forte. On ne parvient même pas à distinguer entre les bruits, et les corps n'y existent pas. Les séquences de violence y sont pires – à Paris, le trio, rassemblant les énergies de chacun, se transforme, face à l'adversité, en une meute impitoyable – qu'avec les flics. Et l'on en arrive a voir dans tout un chacun un lepéniste en puissance (voir le brave ouvrier conspué en bas de l'escalator des Halles, alors qu'à la cité on ne voyait personne sinon les flics)... Si le bruit obsédant de la cité est un dehors hostile, une muraille qui renvoie les corps à leur silence, la ville ne figure pas plus un dehors utopique qui permettrait de s'en sortir. Retour à la case départ : le trio prend le premier RER au petit matin.

1. On a noté à juste titre que cette scène est présente dans beaucoup des films récents dits de banlieue.

Regarde les hommes tomber

La Haine n'est pas un documentaire mais un film de fiction. Toutes les tentatives journalistiques de faire dire à des jeunes de la banlieue si ce film est authentique ou non sont un peu ridicules, car elles refusent de se rendre à l'évidence et de prendre en considération une fiction qui prétend justement se distinguer des caméras de télévision que le trio envoie violemment balader durant le film. Une fois de plus, on veut faire dire à la mauvaise banlieue ce qu'elle est, la stigmatiser, l'enfermer dans de belles catégories, alors que Kassovitz a l'intelligence de dire qu'on ne vit pas en banlieue tout simplement parce qu'il est impossible d'y vivre. Plus encore, il montre, mais avec moins de force – c'est le paradoxe pour quelqu'un qui vit hors de la banlieue –, que les questions de la banlieue sont celles de la ville, et que sans les dérives de la ville le malaise des banlieues disparaîtrait sur-le-champ.

Kassovitz a le mérite de ne pas être fasciné par la banlieue, et encore moins par la ville, et de montrer qu'on vit mal dans chacun de ces endroits. On y vit mal, mais on ne vit cependant pas au rythme de la guerre des tribus, des conflits ethniques ou de civilisation. Le film de Kassovitz, si violent, si peu amène soit-il envers les forces de l'ordre et tous les Pasqua du monde, raconte en même temps l'histoire d'un lieu où les individus vont mal individuellement, en banlieue comme ailleurs.

Il raconte aussi l'histoire, difficile à accoucher, d'un monde où on vit de manière « métissée ». Tel était le titre de son premier film – *Métisse* [1] – qui racontait une histoire, très bien orchestrée, qui commence mal et finit bien, sur une naissance et non pas un meurtre. C'est l'histoire d'un juif et d'un Africain qui partagent une même maîtresse martiniquaise, une magnifique métisse qui attend un enfant dont elle ne connaît pas le père. Qui est le père ? Qui sera le père ? Elle refuse

1. Simple hasard ou inspiration déclarée ? Les films de Kassovitz se rapprochent des scénarios de Spike Lee. *Nola Darling n'en fait qu'à sa tête*, le premier film du jeune metteur en scène américain, raconte une histoire analogue à celle de *Métisse*. Dans *Do the Right Thing*, il montre comment un quartier (aux États-Unis, on n'est pas dans une logique de banlieues) « brûle ».

de choisir entre ces deux amants, et chacun d'entre eux jouera le rôle du père à sa manière. Faut-il s'en étonner ? Lola (souvenir de *Lola* de Jacques Demy) est la médiatrice entre le juif et l'Africain qui ont, dans ce premier film, plus de racines familiales attestées que dans *La Haine* : elle précède le jeune Arabe Saïd, le faiseur d'histoires, le bonimenteur, le jacteur jouisseur de mots dont on ne connaît pas l'histoire familiale. Celui qui parle le plus, dans *La Haine*, est un médiateur discret sur ses racines, mais ce n'est pas une femme comme Lola, une génitrice pour laquelle l'histoire a un avenir, celui de son enfant.

La Haine est un film sans femmes, sans filles, sans amantes et maîtresses, un film où la séduction n'a plus à s'exercer (après avoir réussi une drague initiale dans la séquence de la galerie d'art moderne, les membres du trio n'ont plus rien à dire aux femmes qu'ils ont aguichées alors qu'ils prétendaient vouloir discuter avec elles, laissant dès lors entendre que seul le sexe les intéresse). Mais c'est aussi un film où la disparition des pères laisse une place à des mères auxquelles personne n'a le droit de toucher.

> « Si nos pères ne comprennent plus ce que nous sommes
> Ce qu'ils nous donnent ne fera jamais de nous des hommes
> Nos pauvres mères qui malgré ce qu'elles savent nous pardonnent
> Maldonne, Madones, c'est vos entrailles que l'on chiffonne
>
> Ainsi va le vague à l'arme
> Ainsi vont les hommes s'en vont
> En nous laissant le choix des larmes. »
> (FFF, *Le Vague à l'arme*)

Comment regarder ?

Dans *La Haine*, le lien entre les sexes est aussi ténu que celui qui noue les générations, c'est un film de corps sans histoire, sans généalogie : « Pour les uns et les autres, qu'ils invoquent leur chef ou qu'ils invoquent sans cesse “ta mère !” (pères invisibles) [...], c’est le lieu de l’avoir et l’avoir lieu qui fait problème : le lieu, comme événement de la présence, a disparu ou éclaté, il n’a peut-être jamais eu lieu, et plus rien ne localise la présence. C’est ce qui donne des corps absents, sans retour sur eux-mêmes[1]... »

Voilà ce qui est le plus étrange dans ce cinéma, très significatif de la production contemporaine : il ne montre rien du rapport affectif entre les sexes, de la relation entre les mondes féminin et masculin, plus rien de ce qui demeure comme l’ultime marque de l’altérité. Après *Métisse* où Lola est royale, magnifique, superbe, *La Haine* montre un monde sans femmes, sans « petites amoureuses » (Jean Eustache), sans « drague » (*Les Cœurs verts* d’Édouard Luntz, l’un des films de la banlieue du début des années 70). De même que le film n’en rajoute pas sur la guerre ethnique, sur les bandes, sur les communautés d’appartenance, il laisse entendre, peut-être à son corps défendant, que le regroupement « communautaire » n’est souvent qu’un paravent destiné à cacher la fragilité des existences, et la vacuité ultime, peut-être, de nos débats sur la république et le multiculturalisme. Pour lui, la crise du lien intergénérationnel et celle de la différence sexuelle sont concomitantes.

Petit hasard des distributions d’acteurs : Mathieu Kassovitz a joué en 1994 dans un film de Jacques Audiard, *Regarde les hommes tomber*. Celui-ci expose l’histoire parallèle de deux hommes d’une cinquantaine d’années (Jean-Louis Trintignant et Jean Yanne, dont on ne peut oublier la prestation dans un film terrible sur le couple, *Nous ne vieillirons pas ensemble* de Maurice Pialat) qui se laissent tomber et se marginalisent. Pas de femmes dans ce film, sinon la prostituée de passage, mais un monde où des hommes vieillissants se prennent d’affection pour un jeune garçon que l’un d’entre eux va transformer en une bête à tuer pour survivre. Le scénario de *Max et Jérémie* (1992) de Claire Devers n’est pas sans analogie puisqu’il raconte l’histoire de deux tueurs, un jeune et un retraité, qui mêlent sentiments et armes à feu dans un monde où la femme ne suscite plus guère de désir.

Les hommes qui ont conquis la vie publique se laissent aller, ils tombent, ils cassent, ils se fragilisent... Si *La Haine* reprend cette thé-

1. Daniel Sibony, article cité.

matique dans un autre cadre, le film n'en partage pas moins la même interrogation (quand le corps commence-t-il à fléchir, à casser ?). En ce sens il s'agit de films très contemporains qui ne sont pas sans renvoyer à ces parcours biographiques que nous livre la sociologie du chômage de longue durée. Un beau jour, ça commence à casser, et on ne dispose d'aucune corde de rappel, d'aucune capacité de s'accrocher à la paroi, et la chute devient vertigineuse. Mais la fiction montre mieux que la réalité que l'on ne peut comprendre le début de la chute qu'en fin de course, au moment fatidique de l'atterrissage. Après des années durant lesquelles les films ont montré l'expérience de la drogue en fantasmant sur les seuils (quel est le moment où l'on devient vraiment aliéné, dépendant ?), voici un cinéma portant moins sur la défonce que sur la grande descente, la glisse mentale. Une descente qui n'en finit pas de finir, et qui donne lieu à des conclusions mortelles, à des violences policières inqualifiables. Ça ne peut que mal finir, mais on ne sait pas quand et comment ça a commencé, on ne sent même pas que l'on glisse. On veut croire qu'il est encore possible de s'en sortir, de se raconter des histoires, mais on se raconte des histoires qui n'en finissent pas de commencer. Ce cinéma masculin trouve un contrepoint original en France dans le cinéma féminin qui fleurit depuis quelques années. Un cinéma dont le motif principal est de s'interroger sur la possibilité de recomposer des liens, de faire lien, de maintenir des relations en dépit des ruptures (Claire Denis, Claire Devers, Brigitte Rouan, Patricia Mazuy, Tony Marshall, Laurence Ferreira Barbosa, Noémie Lvovsky, Nicole Garcia, la regrettée Christine Pascal, Pascale Ferran, Laetitia Masson...).

Cette évolution du rapport entre les mondes masculin et féminin est parallèlement à l'origine d'une interrogation sur la capacité d'exercer notre regard « autour de nous », et surtout de regarder ceux qui sont en train de chuter, de tomber, sans trop s'en rendre compte (mais est-ce si vrai ? Vinz est d'autant plus violent, provocateur et haineux qu'il est blessé à mort ; Hubert sait très bien qu'il est en train de glisser et qu'il ne pourra plus se rétablir...). Qui exerce son regard dans le film ? Et comment ? Les jeunes de la banlieue qui ne voient rien « se passer » dans la cité, sinon les flics et des lignes de fuite qui vont les projeter très loin d'eux-mêmes, beaucoup trop loin. Les femmes et les sœurs qui regardent discrètement, sans aucune haine, enfants et frères à l'abandon ? Les cameramen de télévision qui « montent » des images qu'ils « feront passer » comme des réalités de la banlieue, laissant croire aux jeunes qu'ils se confondent avec leur image sauvagement présentée sur le petit écran ? Tout l'intérêt du film de Kassovitz – et c'est en cela qu'il a fait événement – réside dans cette invitation à regarder : il utilise l'instrument de la caméra pour prendre un peu de distance, décoller d'un monde connu par la seule télévision, pour fournir des images d'une zone interdite assimilée à la jungle. La caméra de Kassovitz exerce un regard toujours décalé quand il est dans la cité : il regarde les hommes tomber, mais avec le regard de Lola ou de la mère d'Hubert. Cette fiction se préoccupe essentiellement de créer de la distance, de ne pas dévorer les corps qui passent devant nous. « Ce n'est pas intéressant de dire au spectateur : "Regardez ce qui se passe", et de lui montrer quelque chose de violent. L'intéressant, c'est de voir ce que regarde quelqu'un, et, à travers ce point de vue, de saisir ce qu'il pense. Ce flic, qui observe ses collègues torturer Hubert et Saïd et qui est un peu honteux à la fin d'être flic, sert de contrepoint » *(Pos)*. Dans la plupart des scènes, un décalage intervient entre celui qui est vu et ceux qui regardent, un personnage intermédiaire (souvent vu de dos, il oblige à regarder de travers) empêche que l'on regarde trop « directement », trop vite, sans prendre le temps, sans creuser un espace. « Je voulais que le film soit vu par la personne la plus en retrait, qui observe ce qui se passe, mais sans juger. Il y a de nombreux moments où on observe les choses à travers le point de vue d'Hubert, à travers la façon dont il regarde » *(Pos)*.

Autant qu'ils délivrent un message anti-flic, les textes des chansons de rap portent sur la télévision : comment ne pas regarder comme le cameraman de télévision qui excite les jeunes pour mieux les prendre par (et en) défaut, et exhiber de mauvaises images d'eux ? Avec *La Haine*, c'est la bonne vieille leçon du cinéma qui est remise à l'ordre du jour : non pas reluquer le corps des autres mais le donner à voir dans toutes ses dimensions.

La haine dans un manoir de province (« La Cérémonie »)

Ce n'est pas le film de Claude Chabrol que je veux évoquer ici. Sans perdre de vue les questions soulevées par *La Haine*, je voudrais seulement m'interroger sur les propos contradictoires que le metteur en scène a lancés à propos de sa *Cérémonie* (1995). Il a en effet parlé de « lutte des classes » pour traduire le conflit entre Sophie (la servante) et Jeanne (la postière), d'une part, et la famille provinciale (les Lelièvre) qui habite le manoir breton où se déroule quasiment la totalité du film, d'autre part. Pourquoi parler de lutte des classes alors que tout le film montre qu'il ne peut « normalement » rien se passer puisque conflits et différends ne parviennent pas à s'exprimer de part et d'autre ? Comme si chaque protagoniste avait un peu tort (un crime sur la conscience !) mais aussi un peu peur de ce que les autres pouvaient « sortir » et « balancer » à son sujet. On s'exprime peu durant ce film, on parle peu, on soupçonne, on laisse entendre et les sous-entendus abondent. Personne n'est vraiment dans son droit, personne ne se sent bien dans sa peau, dès lors tout le monde se « tient » : les deux jeunes filles prostrées devant la télévision (Nagui, Pascal Sevran...) qui provoqueront le carnage final (mais sont-elles vraiment des criminelles ? L'une a-t-elle tué son enfant et l'autre achevé son père ?), et le quatuor bourgeois (les parents Lelièvre et leurs deux enfants) très souvent rassemblés autour d'une télévision de luxe (mais sont-ils vraiment si unis ? Que cache la galerie de peinture de la femme ?) qui prend la dimension d'un écran de cinéma (le carnage final et fatal se déroule pendant que la famille écoute religieusement *Dom Juan* de Mozart dirigé par Karajan). Du côté de la servante et de la postière, comme de celui des bourgeois, règne un climat de gêne, voire de honte, qui se traduit par la difficulté de parler, ou du moins d'échanger. On a beaucoup insisté sur l'illettrisme du personnage interprété par Sandrine Bonnaire en oubliant de dire qu'elle souffre d'autant plus de ne savoir ni lire ni écrire (d'être condamnée à regarder la télévision) qu'il n'y a guère d'autre forme d'échange. Rien ne passe entre les uns et les autres, et la fille aînée (Melinda) qui tente de monter Jeanne contre ses parents est celle par qui le carnage arrive (Melinda ayant compris qu'elle était illettrée, Jeanne panique, s'en prend à elle et la menace de dire à ses parents qu'elle est enceinte). Rien ne passe, ne règne qu'un sentiment de gêne et de honte, plus faible dans le cas des bourgeois qui sont prêts à tout pour avoir une servante parfaite, ne donnant pas l'impression de les servir (une servante qui passe inaperçue), et plus intense dans le cas de Jeanne qui ne peut pas lire ce qui est écrit sur la liste des commissions. Si la fille aînée a un peu honte d'être servie, ses parents semblent surtout avoir honte d'être servis par une fille d'un autre âge qui ressemble vraiment à une servante. Car une servante, ça ne doit pas se voir, ça ne doit pas se faire remarquer, ça doit rester discret. Or, Jeanne se fait doublement remarquer par ses manques : par son physique de servante pitoyable d'abord, puis en devenant l'amie de la postière dont l'indiscrétion est le principal défaut.

Une famille de bourgeois rapiécée au fil des suicides et des remariages d'un côté, et de l'autre deux personnages fort différents (la servante discrète et passive, la postière offensive et indiscrète). Tous ces personnages ont un point commun : ils sont gênés et n'ont pas la conscience tranquille. Que va-t-il alors se passer ? Ce microcosme va-t-il, comme le proclame Chabrol, écrire un nouvel acte de la lutte des classes ? Ici le metteur en scène trompe bien son monde puisqu'il met plutôt en scène des individus qui se cherchent et ne parviennent pas à trouver l'occasion d'entrer en conflit. En témoignent les séquences de télévision opposant la qualité des émissions que regarde la famille Lelièvre et la mauvaise télé que poussent à fond les deux filles : la lutte des classes n'a plus guère de réalité et passe par les simulacres des images télé.

La lutte des classes est fictive, condamnée à passer par la télévision, et c'est son impossibilité qui précipite la violence retenue et déclenche le carnage final. On retrouve là une oscillation très contemporaine : la violence hésite entre une intériorisation qui la refoule dans les corps et un passage à l'acte explosif. Même si Jeanne fait monter le ton et prépare la tuerie finale, le conflit ne peut s'exprimer que sur le mode d'une explosion d'une extrême violence. On est loin de Marivaux ou de Marx, le conflit ne donne lieu à aucune ruse ou lutte des classes, *La Cérémonie* débouche sur une explosion finale qui est la rançon de l'implosion corporelle et psychique des deux filles. Chabrol a d'ailleurs parlé d'implosion, indiquant bien que la lutte des classes n'a plus rien de manifeste, que les bourgeois et les serviteurs ne sont même plus capables d'entrer en conflit. Sacré Chabrol ! Il nous parle de lutte des classes pour mieux souligner ensuite que ça implose et qu'il n'y aura plus jamais d'explosion sociale : « Les gens pensent qu'il va y avoir une explosion, affirme-t-il dans le long entretien qu'il a accordé aux *Cahiers du cinéma* (septembre 1995). Mais moi, je ne le crois pas, car je pense qu'il va y avoir une implosion et c'est la raison pour laquelle la télé est si présente dans mon film. Cela ne va pas se passer à l'intérieur. Cela viendra de l'extérieur à l'intérieur, une véritable implosion, c'est évident. » De quoi parle donc ce film ? D'un sentiment de honte généralisé, plus ou moins partagé, et qui ne peut donner lieu qu'à des assauts de haine. La haine et la honte, tels sont les deux sentiments qui travaillent ces êtres de fiction qui s'agitent sur l'écran. Dans cette optique, Chabrol raconte une histoire proche de celle de Mathieu Kassovitz, une histoire où la haine et la honte sont des ressorts, une histoire où l'on regarde des gens se détester au point d'en arriver à semer la terreur. Quand la violence n'est plus traduisible ni symbolisable, le passage à l'acte est d'une violence extrême et redoutable.

Tout en saluant un film qui ne s'amuse pas à exacerber la violence et montre la peur et la terreur mieux que tous les Quentin Tarantino du monde (Chabrol, tout comme son producteur Marin Karmitz, n'aime pas ce cinéma où la violence se montre à l'état pur), on se demande si ce peintre de la vie bourgeoise ne cède pas à la facilité. Dans ses anciens films anti-bourgeois il montrait par exemple comment le mari de *La Femme infidèle* (l'admirable Michel Bouquet) devenait un criminel ; ici il se met du côté de « ses » deux victimes, de ces deux marginales qui ne sont pas des saintes, pour mieux accompagner leur passage à l'acte. Et il se complaît par ailleurs à camper des bourgeois moins caricaturaux qu'inexistants (au fil des séquences Lelièvre on tourne les pages d'un exemplaire de *Maisons et jardins*). Ces bourgeois, on s'en fiche car ils sont quasiment absents, et l'on comprend mieux pourquoi il ne peut pas y avoir de lutte des classes. C'est tout l'air du temps : il n'y a que des victimes, les bonnes victimes qui vont mettre à mort des individus qui n'existent pas (mais n'en apparaissent pas moins comme des victimes mauvaises). Quand Chabrol s'aventurait dans les méandres de la bourgeoisie, on résistait à ses films, et la presse s'énervait contre lui ; aujourd'hui la lutte des classes est bien morte et l'on applaudit à ces bourgeois qui ne sont que des poupées de caoutchouc. Son film n'est pas un film anti-bourgeois car ici les bourgeois sont bel et bien morts. Il ne nous reste plus qu'à assister à la cérémonie organisée par deux victimes auxquelles Chabrol donne raison d'avance. Ce film sur l'implosion de la lutte des classes est un tantinet paresseux : il observe que la lutte des classes a disparu mais il ne prend pas le temps de regarder ce qui se passe chez les bourgeois comme chez les deux garces (« J'ai eu beaucoup de mal à ne pas faire l'apologie totale de ces deux filles. Mais, en même temps, il n'y a pas de raison, ce sont des garces »). Bref, il ne se demande pas pourquoi ça implose dans ce manoir qui a pris des allures de banlieue. Il n'y a plus que des victimes, bonnes ou mauvaises…

2. Scénarios pour une libération : la famille, les guerriers et les ancêtres

(« L'Ame des guerriers »)

DANS *Point Blank* (*Le Point de non-retour*, 1968), John Boorman se demandait déjà comment mettre un terme à une escalade de crimes et de tueries horribles. Le personnage de Walker, interprété par Lee Marvin, tue un nombre impressionnant de membres de la Mafia pour venger sa femme. Et il ne parvient à s'arrêter qu'au moment où il comprend que son informateur est un mafioso qui s'est servi de lui pour se débarrasser de ses concurrents. Comment se débarrasser de la violence ? La question n'est donc pas uniquement celle de la violence portée par les images. Dans bien des scénarios, il n'est d'autre hantise que de calmer le cours de la violence, qu'elle soit subie ou exercée. Comment faire moins mal, comment (se) faire le moins mal possible quand on est atteint par le virus de la violence ? La question de la violence des images se confond avec le mal violent qui affecte les sociétés contemporaines. Et pour cause : l'Histoire du XXe siècle n'est pas sans lien avec l'histoire du cinéma, avec les films où elle s'est mise en scène.

Pour vaincre la violence, il faut se battre avec elle, se montrer le plus fort. Plus on veut en finir avec elle, et plus il y a exacerbation, précipitation, et il n'est plus d'autre issue que de se liquéfier pour parer coups et assauts de violence comme le robot T1000 dans *Terminator 2* de James Cameron. La chute libre dans la violence est le scénario le plus courant, celui dont *La Haine* est l'expression cruelle : il n'y a aucun mur, aucun parapet auquel s'accrocher et se rattraper, la chute dans la violence est vertigineuse. Une sorte d'avalanche qui emporte tout sur son passage, tant la volonté d'y mettre un terme la redouble et oblige à se battre contre tout ce qui se passe. Quand la vengeance ne sait plus à qui elle s'en prend, il n'y a aucune prise contre elle, elle devient alors infinie, s'étale, englue et finalement lamine celui qui croyait s'en débarrasser.

Quand on sombre, quand on se sent tomber et qu'on se laisse happer par la violence, on se demande alors comment s'en débarrasser. Parallèlement aux scénarios de la « chute libre », on observe des scénarios « utopiques » qui recherchent des solutions dont le caractère illusoire risque d'aggraver le mal. Si on est loin de la version enfantine du même thème, celle d'*Un Indien dans la ville* (Hervé Palud, 1995), l'hypothèse d'un retour « utopique » à l'origine, aux origines, est pourtant là pour endiguer le mouvement ascendant de l'agressivité : celle de la tribu maori dans *L'Ame des guerriers* dont le rythme de vie s'oppose à celui de la modernité urbaine, ou bien celle du village macédonien où le photographe de *Before the Rain* croit pouvoir oublier l'horreur des crimes et se ressourcer. Ces deux films qui mettent en relation la sortie de la violence et le retour aux origines montrent également les limites d'un scénario utopique où l'on revient immanquablement à la case départ : on retourne au village (l'origine) qui est malheureusement à l'origine des décharges de la violence. Le retour au village, à l'ethnie ou à la tribu substitue à l'histoire défaillante, à la crise de la généalogie, la loi du sang, celle qui est à l'origine de la violence déversée. Le journaliste de *Before the Rain* rentre dans son village pour oublier les crimes bosniaques, mais il s'aperçoit rapidement que les mêmes crimes de sang sont perpétrés par les siens sous ses yeux. Certes, ces deux films sont plus subtils puisque le cinéaste macédonien imagine une autre issue que celle de la mort d'Aleksander, le journaliste, et que le cinéaste néo-zélandais ne voit pas le retour à la terre des Maoris dans des termes strictement généalogiques, la mère proposant à l'ami de sa fille qui s'est suicidée de les accompagner et voyant dans le village des ancêtres une terre où les morts sont respectés et jamais oubliés.

● ● ● ● ●

Alors que ce film néo-zélandais, *Once Were Warriors* – réalisé par Lee Tamahori et sorti dans la foulée de *La Haine* sans aucune promotion commerciale –, n'a, de prime abord, guère de rapport avec le film de Kassovitz, il fournit cependant un éclairage original à certaines des interrogations laissées en suspens par ce dernier. Alors que le personnage du père est inexistant dans le « film-banlieue » à la française et que la femme y est quasiment absente – la mère n'y subsistant que « par défaut » dans chacune des familles –, les deux personnages principaux de *L'Ame des guerriers* sont un homme et une femme. Jake et Beth Keke forment un couple à la dégradation duquel on assiste au fil des séquences. Alors que Kassovitz oublie le personnage du père, évoque une mère épuisée, au bord de l'effondrement et qui tient pour assurer la survie de ceux qui restent, *L'Ame des guerriers* ausculte la décomposition d'un couple dont la complicité a pourtant été forte pendant un temps.

Les cercles de l'aliénation et le règne de la force masculine

L'Ame des guerriers ne parle donc pas de l'absence du père – d'un père pris dans les rets de l'alcool et de la violence –, il raconte l'histoire d'une épouse aliénée au corps de son mari. Éblouie, fascinée par lui, elle ne cesse de lui redonner une chance : incapable de lui résister, elle se retrouve toujours dans ses bras, consentante et prête à pardonner les pires horreurs à celui qui la bat et ne veut pas l'entendre parler, « raconter des histoires ».

Amour et haine

Durant la première partie du film, on la regarde tomber sous les coups de son mari, Jake, qui vient d'arrêter de travailler : il s'est mis volontairement au chômage, histoire de faire la fête plus librement et d'organiser des bringues impromptues avec les copains. Il y a donc une lutte initiale, faite de passion, d'amour et de haine, qui s'exprime au sein du couple : cette tension permanente entre l'homme et la femme se traduit par un combat qui se termine immanquablement par la victoire de la force masculine et le retour féminin des sentiments. La faiblesse de Beth, qui se laisse toujours avoir, prendre et reprendre par son « homme », fait de la sexualité et du sentiment le principal ressort des conflits qui tuent le couple à petites doses. Tel est le cercle dans lequel la femme est emprisonnée : celui qui la condamne à passer de la haine à l'amour, du ressentiment au consentement, des coups aux caresses. Quand le couple tourne sur lui-même et que l'on n'en finit pas de rebondir l'un sur l'autre, l'un contre l'autre, quand les corps se font et se défont, se déchirent ou s'étreignent, se rejettent violemment ou se pénètrent amoureusement, la force masculine est toujours assurée de l'emporter. A travers la figure de ce couple, il n'y a pas d'autre issue que le corps à corps sexuel amoureux ou la guerre.

Mais la succession des séquences, au cours desquelles les corps se prennent et se déprennent, décrivent autant d'étapes d'une chute collective. Derrière la cascade des coups et des étreintes, on assiste à la chute de toute une famille, et pas seulement d'un couple. Tout le monde s'en rend à peu près compte dans le cercle familial, à l'exception des parents qui ne parviennent pas à échapper aux cycles de haine et d'amour. Les cinq enfants comprennent leur situation, mais leur lucidité se retourne contre eux : l'aîné quitte la maison, le second participe à des cambriolages avec une bande de jeunes délinquants, Gracie que l'âge situe entre « grands » et « petits » rêve d'un autre monde, tandis que les deux petits derniers se recroquevillent, affolés, l'un contre l'autre quand le père roue la mère de coups. On se trouve projeté dans l'intimité d'une famille où le couple est parfaitement aveugle à ce qui se passe à cause d'eux : aveugle à lui-même, aveugle aux peurs des enfants, à ce qu'ils leur infligent. Aveugles comme les parents, ou lucides comme les enfants, la chute est collective : personne ne peut y échapper, une nouvelle aliénation remplace fatalement la précédente.

Dans ce contexte où l'aliénation de Beth est une forme d'esclavage, de soumission au mari et à l'engeance masculine, entraînant avec elle tous les autres membres de la famille, comment parvenir à mettre un terme à la chute collective et aux sursauts de violence ? Il faudra que Beth commence à comprendre les reproches qui se cachent derrière le visage de ses enfants, plus particulièrement derrière ceux des trois aînés. Elle devra prendre conscience que l'amour dont elle fait preuve à leur égard ne renaît pas spontanément et ne panse pas les plaies miraculeusement, qu'il ne suffit pas d'aimer pour faire disparaître les blessures sur les corps et oublier dans les esprits les mauvais coups de Jake. Mais, si elle est sensible à l'inquiétude ou à la peur larvée de ses enfants, elle n'enraye pas pour autant leur chute, elle ne s'en préoccupe pas vraiment. Seul le suicide de sa fille la déterminera à rompre avec Jake, à sortir de l'aliénation du couple. Mais les différents cercles de l'aliénation familiale ne sont pas équivalents : celui du couple est le plus dangereux car il provoque celui dans lequel tombent les enfants pour s'en sortir, s'émanciper de la violence sauvage du père. D'où le partage des rôles : seule la mère peut renoncer à une violence familiale qui réside dans l'aliénation du couple, dans la soumission de la femme à l'homme. Mais elle ne peut y parvenir qu'après avoir compris que les principales victimes de cet aveuglement étaient ses enfants.

La femme-esclave

L'Ame des guerriers ne met pas en scène une famille où la femme doit s'en sortir toute seule en raison de l'absence de l'homme, d'un homme, il apporte un semblant de réponse à deux interrogations : pourquoi la femme est-elle condamnée à être seule ? Pourquoi va-t-on retrouver les femmes « seules », sans homme, comme dans *La Haine* ? Mais aussi : pourquoi la femme est-elle seule susceptible de s'en sortir, d'éviter la chute libre, la sienne mais aussi celle des autres ? L'histoire, la biographie personnelle de Beth, on ne la connaîtra qu'à la fin. Comme s'il ne s'était rien passé avant, durant sa vie de couple avec Jake, hormis l'échange des coups et des caresses. Et pourtant : elle a aimé un homme grâce auquel elle a cru pouvoir échapper au poids de la tribu à laquelle elle a appartenu, elle a aimé cet homme, sa force, son corps, ses muscles, sa sexualité, elle a aimé les cinq enfants qu'elle a mis au monde. Mais elle aimait trop celui qui lui avait permis d'échapper au cercle des origines, à l'aliénation de la tribu, au poids de la mémoire des ancêtres, elle l'aimait tellement qu'elle ne s'est pas aperçue qu'elle devenait la proie d'une nouvelle aliénation, qu'elle sombrait dans une vie de couple condamnée à la violence. Et elle a continué à l'aimer quand il a commencé à adorer les dieux de l'alcool, quand il a préféré sa bande à la famille, puis renoncé à travailler. Amoureuse et non pas résignée ou passive, elle a cru qu'elle pouvait l'aider à s'en sortir et que la famille allait prendre le dessus sur ses violences. Aliénée à celui qui l'a émancipée de sa tribu, elle persiste à croire que l'amour possède une vertu quasi médicale ou magique. Pour rien au monde, elle ne voudrait retourner en arrière : plus jamais, a-t-elle décidé depuis longtemps, elle ne foulera la terre des ancêtres. Pour rien au monde ! Mais quand le mal devient insupportable, il n'y a pourtant plus d'autre issue que de retrouver l'âme des ancêtres et de fouler à nouveau la terre de la tribu. D'où l'interrogation finale : le retour à la tribu des ancêtres permet-il de rompre avec le cercle des aliénations ? Alors qu'elle s'était émancipée de la tribu grâce à Jake, tout en force et en muscles, la rupture avec la violence de ce dernier l'incite à reprendre le chemin de la tribu. L'acceptation finale de renouer avec un monde avec lequel elle avait rompu est-il vraiment une manière de s'en sortir, et de se sortir de la violence ? Elle avait juré de ne pas remettre les pieds chez ses ancêtres maoris, et elle y retourne…

En regard des événements qui ponctuent ce film, il est beaucoup trop simple de retenir la seule leçon de l'échec d'une femme qui a cru pouvoir composer avec la modernité. Le grand mérite du film réside en effet dans les divers scénarios de « sortie de la violence » – celui de Beth, mais également celui de ses enfants – qu'il met en scène. Les premières images retournent d'emblée un panneau publicitaire qui laisse croire à un paysage de rêve : le panneau qui exhibe de belles images de désert, d'eau et de soleil est un mensonge qui ne s'adresse pas uniquement aux touristes. Il est destiné à cacher ce qui se passe juste derrière, à faire oublier la fumée et la saleté du boulevard périphérique d'Auckland, et près duquel a été construite la petite maison de bois où survit la famille Heke. Derrière les images d'une nature aux allures utopiques surgit brutalement la sauvagerie de la ville avec laquelle il faudra finalement rompre. Mais cette renonciation à la modernité urbaine ne correspond pas à une renaissance paradisiaque, à un retour à l'utopie naturelle : la tribu des ancêtres est un monde où l'on cherche à composer avec la violence et la mort, un monde où l'on ne feint pas d'ignorer la violence et ses folies.

Les issues, côté masculin

Comment sortir de la violence familiale ? Comment s'en sortir ? Si les hommes de la famille, le père et ses deux aînés, choisissent des voies fort différentes, chacun cherche à s'en sortir en « faisant bande ». Le plus surprenant est que cette volonté de « faire bande » rapproche les deux enfants de l'organisation tribale et des rituels des ancêtres.

Jake et sa bande

La violence la plus perceptible, celle qui est à l'origine des coups et des drames en cascade, est celle de Jake, le père. C'est une violence dont il est l'esclave, un esclavage symétrique à celui de Beth envers lui. Mais Jake ne vit pas enfermé dans la maison, il vit dehors, et plus que jamais une fois qu'il a quitté son travail. Jake exerce une double violence : au sein du monde privé, celui de la famille, mais aussi dans l'enceinte du « Royal Bar », un espace clos comme une prison, un lieu où les femmes ne sont guère tolérées, et qui fait pour lui office de monde public. Violent dans sa propre maison, il ne cesse d'en sortir et il y fait d'autant plus preuve d'agressivité qu'il ne peut y « tenir » longtemps : il n'y rentre que pour faire l'amour avec Beth ou prolonger une fête nocturne commencée ailleurs avec les amis. La maison privée est le déversoir d'une violence dont les ressorts sont extérieurs. Tout se passe dehors, et la maison n'est que l'occasion corporelle de faire preuve d'amour ou de haine, de s'accoupler au corps féminin ou de le rouer de coups, de le casser, de le défigurer. Si la force du père, intolérable, est manifeste au sein de la famille, sa violence est d'abord celle d'une personne qui s'avère incapable de vivre dans une enceinte privée.

Alors que Beth continue à succomber à ses entreprises de séduction, il pénètre la famille avec sa bande et envahit rituellement la maison avec ses amis du « Royal Bar ». Pour lui, la maisonnée familiale n'est qu'un modèle réduit du bar collectif. On boit, mais surtout on y retrouve les femmes qui ne sont guère admises au bar, sauf lorsqu'elles chantent pour exciter les appétits des hommes et provoquer involontairement des rixes. Bref, on vient se rassasier et dévorer ce qu'on ne trouve pas au « Royal Bar ». Il n'y a pas de monde privé, mais une violence externe qui se déplace à l'intérieur de la maison pour y prendre les femmes d'assaut. Cette violence prédatrice, sauvage, envahit et ruine la maison, elle en saccage l'espace. Bien sûr, Beth ne voit pas les choses ainsi : alors que Jake n'existe que par sa bande, elle feint de croire que ses sorties hors de l'espace familial sont liées à ses difficultés personnelles, au chômage, aux mauvaises influences, et que la famille pourra le sauver. Alors qu'elle pense que la famille est le meilleur médicament contre l'agression permanente, elle ne voit pas que la violence de la bande la ruine progressivement.

Mais la bande trompe d'autant plus Beth qu'elle se donne des allures familiales, puisqu'elle est composée d'hommes ayant souvent entre eux des liens de sang. Les copains sont souvent des collatéraux, comme l'oncle Bollie qui sera à l'origine de l'éclatement de la bande quand Jake apprendra qu'il a abusé de sa fille. Comme la bande repose en partie sur des liens de sang (les apparentés) qui créent l'illusion familiale, Beth s'y laisse prendre, mais si la bande se présente comme un prolongement de la famille, elle est avant tout un conglomérat physique de forces. Sa raison d'être ne repose que sur la force, une force à l'état de nature dont il n'y a pas de meilleure manifestation que la mise à terre de celui qui est moins fort (la femme) ou de celui qui se croit plus fort (le concurrent, le rival), ou bien encore de celui qui trahit la loi du sang (Jake se venge de l'oncle Bollie quand il apprend que ce dernier a violé sa fille). Si la bande est d'abord une affaire d'hommes, son énergie réside dans la capacité de prouver sa différence physique avec d'autres corps masculins : en témoigne la première séquence tournée au « Royal Bar » au cours de laquelle Jake casse la figure à un homme au physique de boxeur, un rival potentiel qui laisse planer des doutes sur celui qui « dispose » de la force dans cette enceinte. La force est le seul ressort d'une bande qui ne survit qu'en prouvant en permanence qu'elle est bien la plus forte : l'enchaînement des bagarres, le déchaînement de la violence est aussi logique que naturel quand la force est la seule raison d'être de la force. L'état de nature règne au « Royal Bar ». Mais, on l'a déjà suggéré, il est emprisonné dans cette enceinte dont les femmes sont exclues. D'où la recherche animale de la femme dans un espace familial qui fournit l'occasion de renverser la violence entre les corps en un accouplement. Mais seule Beth croit que le désir sexuel témoigne encore d'une passion amoureuse.

Le comportement privé de la bande ne laisse aucun doute : Jake et ses amis ne veulent rien entendre, il ne faut pas leur raconter d'histoires, ils n'aiment pas entendre des histoires. Alors que dans *La Haine* on essaie de raconter des histoires, ici on ne veut surtout pas en entendre (surtout pas d'histoires !). Si l'homme de la bande retourne en famille, c'est parce qu'il considère confusément que la famille et la bande ont des liens, qu'elles appartiennent à une même grande famille. Mais il ne supporte pas longtemps l'atmosphère de la famille, surtout si la femme résiste aux avances et lui raconte des histoires. Les femmes se racontent des histoires, elles ont l'imagination fertile : raconter des histoires est synonyme de mensonge. Dans la maison, au contact de la famille, Jake et sa bande entendent des gens qui parlent – la femme et les enfants –, mais ils n'échangent habituellement pour leur part que des coups, des borborygmes autour d'un verre, ou bien racontent éternellement les mêmes histoires salaces et machistes, déclenchant fatalement la violence. La bande naturelle, celle qui ne connaît que la force et la prédation, n'aime pas que l'on parle autour d'elle, elle n'aime pas recourir au langage. Pour les membres de la bande, ceux qui parlent sont des insolents qui ne comprennent pas que l'on fait tous « partie de la même grande famille ».

Les hommes règnent au-dehors où ils exercent en guerriers une violence naturelle et laissent à la femme le monde privé, une retraite, qu'ils contribuent à saccager. Par ailleurs, les protagonistes du film s'inscrivent dans l'histoire de la Nouvelle-Zélande : alors que Beth descend d'une tribu maori, les ancêtres de Jake étaient des esclaves. Et aujourd'hui, Jake et sa bande sont toujours des esclaves : esclaves d'eux-mêmes, de l'alcool, et de leurs poings ; des esclaves qui voient le monde à travers leurs yeux d'esclaves. C'est la raison pour laquelle ils ne s'en sortent pas et considèrent les femmes comme des esclaves au service de leur propre esclavage. Et Beth d'affirmer de manière « insolente » à Jake que l'ancien esclave préfère, en bon esclave, la compagnie des métisses.

Comment faire la guerre à la violence ? La réponse de Jake et de sa bande est que la violence règne naturellement, originellement, et qu'on ne s'en sort pas. Et encore moins quand on est une femme puisque la force est avant tout masculine.

Nig et Boog : comment se prendre pour un guerrier ?

Alors que Jake et sa bande font naturellement la guerre, à eux-mêmes (guerre intérieure) et aux autres (guerre extérieure), les deux fils aînés de la famille Heke cherchent, pour s'en sortir, à revêtir des vêtements de guerriers. Eux aussi cherchent à entrer dans une bande, à faire corps. Mais ils deviennent des guerriers, ils apprennent à devenir des combattants, ils respectent l'art de la guerre et ne donnent pas de coups contre tout ce qui leur résiste, comme le père. Ils deviennent des guerriers pour apprendre à maîtriser la violence et résister à la violence naturelle, à la force masculine, celle de Jake. L'apprentissage de l'art de la guerre est ici indissociable de la volonté de résister à la violence. Les guerriers sont ici des combattants de la violence : chacun des deux aînés porte un masque de guerrier, et par là même ils se rapprochent des rites de la tribu dont ils deviennent des imitateurs. Pour se distancier de la bande paternelle, il faut commencer à se déguiser comme les ancêtres. Mais, alors que l'aîné entre dans une bande où la violence est extériorisée, le second apprend à l'intérioriser.

Nig, l'aîné, a déjà quitté la maison familiale quand le film débute pour entrer dans une bande de « guerriers modernes », du style des « Iroquois », des « Indiens », semblables à ceux que l'on voit dans les films américains. On assiste à une scène initiatique, d'une très grande violence, qui conditionne son entrée dans la bande : Nig doit supporter les coups des autres, manifester sa capacité de résister aux autres membres de la tribu. Mais qui sont ces guerriers qui créent une famille artificielle, une tribu moderne ? D'une part ils sont motorisés, de plain-pied dans le monde de la technique, et d'autre part ils pratiquent des rituels initiatiques et couvrent leur corps de tatouages. Ces « guerriers modernes » forment une tribu dont les règles sont d'autant plus drastiques qu'elle ne sait guère ce qu'elle doit aux anciens et aux modernes.

Comment échapper à la violence familiale ? Pour Nig, il ne fait guère de doute que l'entrée dans la tribu des guerriers motorisés est l'occasion, en recourant à une violence qui protège de celle des autres, de faire corps, autrement que sur le mode de la bande paternelle. Nig quitte la famille pour devenir l'un des membres d'un corps qui fait tenir les individus entre eux par la violence (violence initiatique), et maintient une frontière entre eux et les autres. C'est un monde à part qui ne correspond ni à la famille, ni à la bande, ni à la tribu des ancêtres. Il y a ici une volonté de maîtrise de la violence : une volonté de reconstruire une tribu, une famille. Ici la violence est ritualisée, elle correspond à une initiation. La violence de la bande est marquée sur la peau comme un stigmate qui rassure, comme un signe d'appartenance qui sécurise : elle est un moyen de se protéger de la violence externe, de contenir la violence des autres.

Boog, plus jeune que Nig, est un adolescent qui cherche à échapper à son père (à ses absences comme à ses coups) en agissant au sein d'une bande de petits délinquants. Arrêté par la police, il est jugé – en l'absence de sa mère qui ne veut pas se présenter devant le tribunal avec le visage tuméfié –, et condamné à entrer dans une maison de correction. Après une scène de violence où il s'acharne à casser toutes les vitres de la salle de gymnastique du centre, il accepte les leçons d'un éducateur qui veut l'initier, ainsi que ses camarades, à un art rituel destiné à contenir la violence grâce à la maîtrise d'une arme, le « tahia ». Alors que les Britanniques se servaient de la baïonnette pour exterminer les peuplades autochtones, les Maoris recouraient à cette arme pour résister aux assauts des envahisseurs.

Cet art de la guerre reposant sur la volonté de résistance permet d'entrer en conflit avec soi-même et avec les autres tout en contenant sa propre violence, en marquant des frontières, en contournant les échanges frontaux. A la différence de Nig dont la bande extériorise sa violence en inventant de toutes pièces une tribu autarcique de guerriers modernes (la violence est alors circonscrite à un microcosme), Boog pratique un art de la guerre destiné à intérioriser la violence. Celle-ci est « contenue » et donne lieu à des gesticulations physiques savantes et à des cris rituels. Comme Nig, Boog se rapproche de l'esprit des ancêtres, plus encore que son frère qui se contente d'imiter les guerriers d'hier. En témoigne la scène de l'enterrement où les chants de Boog s'opposent aux voix des membres de la tribu maori qui accueillent sur leur terre le corps de Gracie plutôt qu'ils ne l'enterrent.

Renversements féminins de la violence

Alors que la bande de Jake considère la femme comme une proie destinée à calmer les appétits de la sexualité, Nig et Boog vivent dans un monde où les femmes ne sont guère présentes. L'un et l'autre manifestent leur proximité avec Beth, mais les femmes qui côtoient Nig sont comme lui des guerriers, des femmes dont la féminité disparaît derrière la combinaison de cuir. La violence demeure, là encore, masculine, et les enfants trouvent des solutions propres à un monde essentiellement masculin. Comme la bande paternelle, les nouveaux guerriers qui ont une tendance à l'homosexualité se retrouvent « entre eux ». Faut-il alors s'étonner que les personnes qui favorisent le reflux de la violence soient deux femmes, Gracie et Beth ? Mais Gracie doit se sacrifier, victime de la violence familiale au point de se suicider, pour que Beth se libère enfin de ses illusions, et pour qu'elle ne continue pas à imaginer que la famille unie est le meilleur moyen de lutter contre la violence et de sauver Jake. Contre l'esprit de la tribu, Beth a trop longtemps cru aux vertus du couple et de la famille, elle s'est aveuglée. Une jeune femme, sa fille en l'occurrence, doit mourir pour que Beth s'émancipe et devienne une femme susceptible de conquérir enfin son autonomie. Mais la volonté d'autonomie et de rupture s'accompagne d'un mouvement de retour à la tribu des ancêtres : il n'y a pour elle d'autre issue que de rejoindre un monde où les morts sont accueillis et où leur dignité et leur mémoire sont respectées. On a vu dans ce film la victoire d'une femme sur la force masculine, il est plus juste de souligner que la libération de la violence passe par la prise de conscience tardive de Beth, que la famille est la source de tous les aveuglements et qu'il y a un temps des femmes, une singularité féminine qui ne se réduit pas à une opposition des genres[1]. Avant de renoncer aux cercles masculins de la violence, Beth aura longtemps supporté tous les coups jusqu'à la mort de sa fille. Pour résister à la violence, il faut admettre qu'elle a partie liée avec la mort. Résister à la violence prend tout son sens quand on s'interroge sur les morts et sur le respect qu'on leur doit. C'est le rôle imparti à Gracie et à Beth dans ce film.

Le sacrifice de Gracie

Gracie est l'adolescente par qui le scandale arrive : elle comprend que la violence paternelle ne s'arrêtera jamais, que Jake a laissé tomber Nig puis Boog, et qu'il en sera de même pour les autres enfants.

1. Évoquant le livre de Mona Ozouf, *Les Mots des femmes. Une singularité française* (Fayard, 1995), l'historien Bronislaw Baczko parle d'un « temps marqué par les événements qui cadencent l'histoire personnelle des femmes et les raccordent à la nature : la puberté, la menstruation, la maternité, la ménopause. Temps existentiel de la différence, mais aussi celui d'une expérience communément partagée, celle du corps propre, de ses déterminations, et, en fin de compte, de notre finitude » (in *Le Débat*, novembre-décembre 1995). Le lien entre le temps de la femme et le travail « historique » de la génération apparaît clairement. Face à une violence qui dégénère, la capacité de régénération de la femme n'intervient pas par hasard dans tous les films évoqués...

Mais il ne faut pas céder à un angélisme sexiste : dans « Le cinéma de poésie et la pensée du mal » (in *Les Violences du cinéma*, ouvrage collectif édité par l'ACOR : Association des cinémas de l'Ouest pour la recherche, 1996), Bernard Sichère oppose à raison un film comme *La Honte* d'Ingmar Bergman où le personnage féminin refuse de céder au mal, et des films « eastwoodiens » comme *Play Misty for Me* (*Un frisson dans la nuit*) ou *Sudden Impact* (*Le Retour de l'inspecteur Harry*) où la méchanceté est le fait de femmes. Sur Clint Eastwood, voir le chapitre suivant consacré à *Unforgiven*.

Elle est la troisième des enfants, elle se trouve juste au milieu et doit faire le lien entre les uns et les autres. Désireuse d'être le principal facteur d'unité, elle pressent vite qu'elle échouera. Pour elle, Jake est un monstre omniprésent, un tas de muscles dont la violence est la contrepartie de sa dissolution personnelle. Très lucide sur la situation et n'attendant aucun secours, elle se réfugie dans un autre monde : c'est une rêveuse qui rejoint régulièrement son ami Hoog qui se présente lui-même comme « un débile qui vit dans un tas de ferraille ». Pour elle, cet endroit est un lieu de tendresse qui se distingue du climat épouvantable qui règne à la maison : ensemble, dans la carcasse de voiture, ils fument, ils sniffent, ils rêvent, ils se racontent des histoires. Il n'y a pas de pire endroit, c'est l'enfer urbain – le tas de ferraille se trouve sous un pont d'autoroute –, mais ils y sont « ailleurs ». Rêveuse, désireuse d'imaginer autre chose, Gracie écrit des histoires dans un cahier, des histoires qu'elle raconte aux petits le soir, ou à Hoog dans la bagnole. Raconter des histoires, ce n'est pas faire preuve d'insolence ou mentir : elle aime raconter l'histoire de Lee Reihi, une Maori, qui a construit un mur de jade pour empêcher que l'eau ne vienne inonder des villages lacustres. Il faut raconter des histoires pour empêcher que la force tellurique du père ne mette en péril l'habitat familial : pour sortir de la violence, il n'y a pas de meilleure arme que les histoires, ces histoires que le père ne veut justement pas entendre, ces histoires auxquelles renvoie le titre du film *(Once Were Warriors)*.

Lucide sur le caractère masculin de la violence, Gracie ne cesse de scruter le regard de sa mère, attendant qu'elle se réveille de sa léthargie et renonce à une idée aussi absurde que passionnelle, à croire que Jake changera un jour. Elle se projette dans sa mère à laquelle elle reproche de retomber à chaque fois, de se faire avoir, de pardonner trop souvent à Jake quand il se jette dans ses bras. Gracie a compris que tout finirait mal si sa mère n'est pas capable de résister. Elle a saisi son ambivalence, mais il faudra qu'elle se suicide pour que Beth renonce enfin à ses illusions. Gracie rêve, elle vit ailleurs, elle se nourrit elle aussi d'illusions, mais mieux vaut pour elle partir ailleurs une bonne fois pour toutes que de continuer à se laisser bercer par les illusions de sa mère.

Les illusions de Beth

En effet, la principale illusion de Beth tient à sa conviction profonde (amoureuse et maternelle) qu'elle parviendra à lutter contre la violence de Jake : on peut refaire la famille, la ressouder, en recoller les morceaux. En dépit du départ – volontaire pour Nig, involontaire pour Boog – des deux garçons, Beth pense que la famille n'est pas en proie à l'éclatement, proche de la dissolution, elle pense que rien n'est perdu. Elle s'acharne à recréer de l'unité, à refaire du corps alors que la petite communauté est en train de se déchirer.

La prise de conscience de cette illusion sera longue. Elle subit d'abord une première violence, suite à un échange avec Nig qui provoque l'ire de son mari pendant une fête alcoolisée : il lui « défait » le visage, ce qui l'empêche d'accompagner Boog au tribunal le lendemain. Sous les coups, elle change de faciès : elle ne peut plus se regarder dans la glace, mais les masques ne tombent pas pour autant. Très vite, elle pardonne à Jake, mais à condition qu'il accepte de rendre visite avec tous les autres membres de la famille à Boog dans le centre de correction où il est retenu par la justice. Tout commence bien sur la route : dans la voiture, les enfants chantent avec les parents, ils rient tous ensemble, et même Gracie s'y laisse prendre. Il y a là des scènes qui témoignent cruellement de l'illusion familiale de Beth qui attend de l'unité retrouvée un régénération collective, la fin des coups et des violences. Mais Jake ne tient pas longtemps : prétextant d'aller boire un coup, il rejoint ses amis et ne les quitte plus. La famille n'ira donc pas voir Boog et, plus provocateur que jamais, Jake décide d'organiser une fête à la maison avec sa bande, la fête au cours de laquelle Gracie sera violée par son oncle. Tout se joue en quelques heures : alors que Beth a cru gagner, remettre en état la communauté, elle est confrontée au suicide de sa fille. Le sacrifice de Gracie est à l'origine de son retournement psychologique qui correspond lui-même à un renversement de situation : très vite, elle décide d'enterrer Gracie dans la terre de sa tribu, puis elle part vivre avec ses enfants et Hoog sur cette terre. Retour à la case départ. Peut-être pas. Dans cette volonté de renouer avec les racines, avec les origines, elle cherche à renouer avec un monde où il est possible de respecter la mémoire des morts, un monde où l'esprit des morts est toujours sensible au sein de la tribu.

Plus encore, il apparaît que la décision de Beth cristallise les diverses décisions des enfants, leur capacité à s'en sortir : le retour à la tribu cristallise l'apprentissage de la violence guerrière des aînés (les guerriers modernes ou l'art rituel de la guerre) et le désir de raconter des histoires de Gracie (elle a écrit dans son cahier qu'elle a été violée, il ne faut jamais oublier de raconter les histoires qui arrivent, même les plus horribles). Elle veut vivre dans un monde où l'on n'en finit pas de se raconter des histoires.

Il a donc fallu que Beth admette l'échec du couple et de la famille pour attaquer la violence des hommes. A la différence de *La Haine*, *L'Ame des guerriers* est un film de femmes : le père est absent/omniprésent, mais la femme-mère – les enfants, petits et grands, la réclament et elle raconte à Nig qu'elle a aimé rire avec lui – succombe sous ses coups jusqu'au moment où la mort intervient. Il faut qu'une femme meure pour que Beth se confronte à la violence des hommes. Et elle revient à la tribu maori où le *waruna*, l'esprit des ancêtres, n'a pas disparu.

L'esclavage de la violence

Durant toute la durée du film, l'analogie entre l'aliénation du microcosme familial et l'ancienne situation historique des esclaves noirs en Nouvelle-Zélande est très perceptible. La volonté de rejoindre la tribu n'est pas indifférente : celle-ci est composée d'une population de gens, les Maoris, qui ont résisté à la colonisation, et n'ont pas cédé aux baïonnettes, à la force de ceux qui ont voulu les transformer en esclaves. Les Maoris ne sont pas devenus des esclaves.

Or, Beth a été fascinée par la force de l'ancien esclave et a cru se libérer de la tribu grâce à lui. Elle n'avait pas encore compris qu'il demeurait un esclave, et que le recours à la violence favorise l'esclavage des corps et des esprits. L'histoire qu'elle raconte à sa fille alors que celle-ci repose dans son cercueil en bois en témoigne : j'ai voulu partir, lui dit-elle, et j'ai dit que je n'y retournerai jamais, mais l'une de mes tantes m'a dit qu'un jour le mal vaincrait et que je reviendrai. J'ai toujours résisté à l'idée du retour, et j'ai entraîné les autres, ma famille, mes enfants, dans ma chute. La réponse à la violence par le retour à la terre des ancêtres, aux origines, est-elle suffisante ? Sûrement pas. Mais ce n'est pas un retour pur et simple à la case départ, comme si rien ne s'était passé. *L'Ame des guerriers* rappelle à qui veut le voir et l'entendre que le respect des morts passe par une volonté de résister farouchement à l'esclavage des corps et des esprits. Maîtriser la violence revient à respecter la mémoire des morts, mais aussi à accompagner sa propre mort : dans *The Sunchaser* (1996), Michael Cimino suit Blue, un jeune criminel qui, atteint d'une tumeur au cerveau, prend en otage son médecin pour retrouver un territoire mythique dessiné sur une gravure ancienne, un lac perdu dans les hauteurs des montagnes du pays navajo où la mort et la vie deviennent indistinctes. « Que la beauté soit devant moi, répète-t-il à plusieurs reprises. Que la beauté soit au-dessus de moi. Que la beauté soit tout autour de moi… » Le retour au pays navajo, ce pays natal rêvé, la recherche d'un territoire utopique croise les sentiers de la mort. Condamné à mort, Blue veut quitter le monde guerrier de Los Angeles qui l'a mené en prison, l'état de nature qui a fait de lui un criminel. Pour lui, on ne renonce à la guerre qu'en rencontrant la mort au terme d'un voyage utopique qui consiste à se soustraire à la violence des hommes.

L'illusion du retour au village (« Before the Rain »)

Before the Rain, un film albanais réalisé par Milko Manchevski qui a reçu le Lion d'or au Festival de Venise en 1994, fait écho au scénario de *L'Ame des guerriers* qui met en scène un tentative de se sortir de la violence par un retour à la communauté d'origine. Mais dans ce cas, alors qu'un village de Macédoine remplace la terre maori de Nouvelle-Zélande où nous ne savons pas comment les choses vont se passer pour ceux qui s'y réfugient, le retour se solde par un échec, par la mort de celui qui attendait que la paix du village panse les plaies du monde et lui fasse oublier les horreurs vues ailleurs.

Photographe célèbre qui s'est rendu sur tous les fronts violents depuis Beyrouth, Aleksander, qui vient de recevoir le prix Pulitzer, décide de rompre avec son métier quelque temps après un dernier retour de Bosnie. Sans parvenir à convaincre sa maîtresse Anne de l'accompagner, il quitte Skopje et prend la route cahoteuse du village.

Synopsis de « Before the Rain » (1993)

Sur fond de conflit ethnico-religieux entre Macédoniens orthodoxes et Albanais musulmans, *Before the Rain* raconte trois histoires.

PREMIÈRE PARTIE : LES MOTS. – Le jeune moine orthodoxe (Kiril) abrite et cache une jeune Albanaise (Zamira). Une bande armée s'introduit en force dans le vieux monastère à la recherche de la jeune fille soupçonnée d'avoir tué le frère de l'un d'entre eux. Les deux jeunes gens arrivent à s'échapper mais la famille de la jeune fille musulmane s'oppose à sa fuite et abat Zamira.

DEUXIÈME PARTIE : LES VISAGES. – Anne, qui travaille dans une agence de photo londonienne, est partagée entre ses deux amours : Nick, son mari, et Aleksander, un photographe de guerre talentueux et tourmenté. La violence qui explose entre eux dans un restaurant, et le départ d'Aleksander pour son pays natal, décident pour elle.

TROISIÈME PARTIE : LES IMAGES.– Aleksander fuit les horreurs du monde en retournant dans son pays. Mais, en Macédoine, les Macédoniens orthodoxes et les Albanais musulmans s'opposent. Le climat est lourd de menaces dans un pays où Aleksander pensait retrouver la paix et un amour juvénile en la personne d'Hana. Il tente de fuir en aidant une jeune fille accusée du meurtre d'un homme.

S'imaginant que la paix y règne, il découvre vite que le village est une tribu recroquevillée sur elle-même, une communauté en guerre qui ne connaît que la loi du sang : les gosses se prennent pour des guerriers, les membres de la famille sont déguisés en miliciens et attisent la haine autour d'eux. Bref, voilà un village, « son » village, transformé en bastion et se protégeant de toute pénétration extérieure. La violence qu'il a vécue de l'extérieur, il la voit ici à l'œuvre de l'intérieur. S'opposant à la prise en otage d'une jeune fille qui a été capturée par les gens du village, Aleksander succombe finalement sous les balles de ses frères mais sa mort permet à la jeune fille de s'échapper.

D'une violence à l'autre

En racontant le scénario de *Before the Rain* de cette manière, on évoque essentiellement les deuxième et troisième parties du film, successivement intitulées *Faces* et *Pictures*, omettant ainsi la première partie dont l'histoire pourrait commencer quand finit la troisième, ce que l'on ne comprend que plus tard, à la fin du film. On peut imaginer que la première partie commence après la mort d'Aleksander, quand la jeune fille, qui pourrait être Zamira[1], s'enfuit vers la montagne : elle grimpe vers un monastère orthodoxe situé au-dessus du village et s'y cache dans la cellule d'un jeune moine qui ne parle pas (la première partie est intitulée *Words*), mais qui la prend sous sa protection. Une fois que les membres de la milice ont fouillé le monastère sans parvenir à la retrouver, les moines laissent les deux jeunes gens partir sans les dénoncer. La force du scénario réside dans la superposition de ces deux histoires : celle d'Aleksander, le journaliste qui incarne le départ vers la ville, vers le monde moderne, qui ne sait comment s'y prendre avec une violence qu'il voit sur ses photos, et celle du jeune moine. Aleksander ne supporte plus la violence, celle qu'il exhibe à la face du monde, il range son appareil, mais il comprend vite que la violence du village, ici vécue de l'intérieur, est analogue à celle qu'il a captée derrière son appareil de photo en Bosnie et dont il cherche à se débarrasser. Ici, il ne jouit même plus de la protection de l'appareil photographique, il a cru se débarrasser de la violence en revenant au monde des origines, mais il va en être la victime, succombant sous les coups des siens. Et personne ne verra sa photo dans la presse ou sur le petit écran, aucun journaliste n'est venu, muni d'un appareil, faire mémoire de la violence dont le sacrifice d'Aleksander est l'origine.

1. Sur ce point, le metteur en scène laisse volontairement planer un doute car il ne voulait pas initialement donner l'impression que l'histoire était circulaire. « La première idée, c'est qu'au lieu de refermer le cercle, cela ne serait un cercle que métaphoriquement. La fille qu'Aleksander sauve à la fin n'est pas la même – mais symboliquement elle pourrait être la même que celle du début. Dans l'idée originale, ce n'était pas la même actrice pour les deux rôles, mais quelqu'un qui pouvait être la même. Puis j'ai décidé d'en faire littéralement un cercle [...] Cela devient plus subversif, plus provocant. »

De son côté, le jeune moine vit retranché dans le monastère, esquif féerique qui vogue dans des nuits où les étoiles scintillent comme dans un dessin animé : il s'est retiré du village, il a choisi de vivre au seul rythme de la nature et de la liturgie sous la coupe de vieux moines. L'incursion de la jeune fille, de l'ennemie du village, trouble l'ordre spirituel et naturel : appel physique, sentiment de réclusion, incapacité de parler, il décide de s'enfuir avec elle pour la sauver mais aussi pour se sauver lui-même. Lui aussi cherche à s'en sortir. La jeune femme fournit au jeune moine – il vit dans une communauté religieuse composée d'hommes, image pacifiée de la communauté des hommes du village – l'occasion de partir, de s'en sortir. Il faut se sortir de la paix religieuse comme de la violence villageoise qui en est le double : voilà ce que n'a pas compris Aleksander quand il a voulu rentrer au village pour ne plus entendre parler de crimes perpétrés en Bosnie ; il retournait à la case départ, il bouclait la boucle, plus que jamais il était prisonnier du cercle de la violence. Alors que le journaliste a raté sa vie sentimentale, tout comme sa maîtresse qui rompt violemment avec son mari dans un restaurant de la ville de Skopje, le moine part avec une jeune femme, l'ennemie de sang pour les Macédoniens, une jeune Albanaise. Mais on ne sait pas où ils partent l'un et l'autre, et si leur alliance physique tiendra longtemps. Le scénario fonctionne donc en boucle : il est circulaire puisque Aleksander, le photographe, a quitté il y a plus de vingt ans le village pour n'y revenir qu'une seule fois. Pourtant, son retour signe son arrêt de mort, il se fera tuer pour favoriser la fuite d'une jeune fille... peut-être Zamira. On assiste donc à un sacrifice qui rend possible une double émancipation : émancipation de la religion, c'est-à-dire de la communauté religieuse pacifiée qui couvre hypocritement les violences d'alentour par son silence ; émancipation de la horde villageoise dont la sauvagerie se repaît de la loi du sang et de la haine contre les autres tribus. Si Aleksander a échoué à créer une famille, une vie de couple, s'il a pris les coups de la violence ailleurs, en Bosnie, Zamira et le jeune moine partent ailleurs, dans un monde inconnu où la pluie n'est plus synonyme de meurtre et de tempête. Ils rompent avec un univers où règne une double soumission envers l'ordre divin et la loi du sang, un monde où la religion ne peut résister aux assauts de la violence ethnique.

Le silence des images

Si les deux dernières parties évoquent les photos du journaliste et les tableaux sublimes de la nature, la première – celle qui se passe dans le monastère – évoque les mots, l'ordre symbolique de la religion. Face aux tableaux et aux images, est-il possible de retrouver le sens des mots, une force symbolique qui ne soit pas celle de la religion ? Au monastère, le jeune moine est avare de mots, il n'a rien à dire, il attend, il écoute, il prie, il jardine, il admire la voûte céleste et les paysages d'alentour où se trouve tapi le village. Alors qu'Aleksander ne connaît pour sa part que les photos, ces images qui ne parlent pas, le jeune moine n'a pas le sens des mots, il ne sait pas s'y prendre avec le langage et il se laisse bercer par les seuls symboles d'une religion, l'orthodoxie, qui préfère le sublime de la nature aux images. Retrouver le sens des mots et de la parole, tel est le sens de ce film qui renvoie dos à dos le discours pacifié de la religion, la violence sauvage du village et la soumission à l'image. Entre ceux qui n'aiment pas les images (les moines orthodoxes) et ceux qui ne voient le monde qu'à travers des photos, des images instantanées où la violence et les horreurs s'étalent « naturellement », il ne reste qu'à imaginer que la parole peut enfin naître. Entre la violence des images et la parole, il y a un fossé béant... Seul le cinéma peut montrer ce qui manque aux images et aux tableaux de la nature, tout simplement une parole qui fasse entendre le son d'une voix. C'est par défaut d'un langage que la sauvagerie peut étendre ses territoires, et c'est parce que la femme n'a rien à dire qu'elle est condamnée à se soumettre pour que seul règne le sang. Rien ne passe, sinon la répétition des ordres divin et naturel dont l'impuissance est manifeste par rapport aux tempêtes humaines. Le respect de la généalogie du sang tue le langage et propage la violence animale. On ne respecte ici que ses propres morts. Faut-il alors s'en étonner ? Comme dans *L'Ame des guerriers* où la loi du sang reprend le dessus dans un monde urbain qui n'est plus celui du village, la violence qui règne ici est une violence muette, celle qui est exhibée sur des photos ou s'exprime dans des ciels d'orage. *Before the Rain* met en rapport l'aveuglement des hommes devant la violence et l'absence des mots. Quand les images sont belles à en mourir ou violentes à en crever, il n'y a plus rien à dire, l'idolâtrie menace toujours.

Ce film où la beauté des images naturelles et la paix du monastère cachent la violence sanguinaire des hommes laisse entendre qu'on meurt de se voiler la face, en croyant que les mots sont inutiles, qu'on peut oublier les images de Bosnie, celles du crime que capte impudiquement le photographe, pour retrouver la beauté de la nature et les silences de la religion. Se débarrasser du fardeau de la violence, c'est ne pas trop faire confiance aux images de la religion et aux beautés de la nature, c'est ne pas succomber à la tentation des images de la violence, et ne pas croire que le retour au monde des origines est une utopie heureuse. On ne se soustrait pas au langage. Il y a là une leçon de cinéma mais aussi une leçon pour le cinéma, cette machine à produire et à dévorer des images, belles ou horribles.

Qu'il soit dangereux de revenir au pays natal, de retrouver le quartier familial dont on est parti après un crime violent, Joshua en fait l'expérience dans *Little Odessa* (James Gray, 1995), quartier juif russe d'une ville américaine, où habitent ses parents et son jeune frère Reuben. Son retour est en effet à l'origine d'une hécatombe dont les principales victimes sont les membres de sa famille. Impossible de résister à toutes ces morts annoncées... quand la tentation de l'origine – ici ou là-bas – est la plus forte.

3. Se défaire de la violence ou comment déposer les armes ?

(« Unforgiven » et « The Indian Runner »)

PARALLÈLEMENT à la galerie des tueurs, anciens ou non, des personnages de femmes assurent la continuité d'*Unforgiven* (1992), un film remarqué de Clint Eastwood. Sur les premières et les dernières images de ce film est incrusté un texte : celui-ci évoque la surprise d'une mère dont la fille, Claudie, s'est mariée avec William Munny, un tueur, un vrai tueur, « l'un des plus méchants de la région ». On comprend vite qu'elle l'a épousé quand il a décidé de se ranger et qu'elle a contribué à sa « conversion ». « C'était une jeune femme avenante, lit-on d'emblée sur l'écran, et aux lendemains prometteurs. Pourtant, elle brisa le cœur de sa mère par son mariage avec William Munny, célèbre voleur et assassin, un homme notoirement dépravé et de tempérament violent. Quand elle mourut, ce ne fut pas de sa main, comme sa mère s'y attendait, mais de la petite vérole. C'était en 1878. »

Le texte souligne qu'une femme est à l'origine du changement de personnalité d'un tueur dont la méchanceté passée ne fait aucun doute. Laissant dans toutes les mémoires le souvenir d'un tueur sans états d'âme, d'un tueur « impitoyable » et « froid comme un glaçon », William Munny est parti s'installer avec sa femme et ses deux enfants dans une petite ferme isolée où il élève des porcs. Grâce à l'entremise, ou plutôt grâce à l'amour de Claudie, il s'est libéré de l'alcool, de ses vices et a rangé ses armes. Un vrai conte !

Synopsis d'« Impitoyable »

Au Kansas, dans les années 1880. Bill Munny avait jadis la réputation d'un tueur impitoyable. Ses sanglants exploits en firent l'un des hors-la-loi les plus célèbres de l'Ouest. Mais, depuis des années, Munny s'est converti en un paisible fermier. Père de deux jeunes enfants, il s'est engagé devant leur mère récemment disparue à fuir toute violence.

Dans les environs de la bourgade de Big Whiskey, un cow-boy sadique agresse et défigure une prostituée. Le shérif local, Little Big Daggett, ancien tueur redouté, se contente d'infliger à l'agresseur et à son comparse une amende symbolique. Les prostituées, outrées, décident de recruter un tueur auquel elles offriront une prime de mille dollars pour abattre les deux hommes. Un jeune apprenti tueur, le « Kid de Scoffield », suggère à Munny de faire équipe avec lui. Munny, qui a besoin d'argent, accepte. Son ancien compagnon, Ned Logan, s'est joint à l'expédition.

Les trois hommes se lancent à la poursuite des fuyards. Mais Munny se sent usé, incapable de mener à bien sa mission. Jusqu'au jour où Little Big Daggett capture Logan, l'exécute et expose son corps devant le bordel de Big Whiskey. Munny n'a dès lors plus de choix : l'honneur et l'amitié lui imposent de redevenir une dernière fois le tueur qu'il fut jadis...

Le shérif ou le maître de la violence (« Unforgiven »)

> « J'ai moi-même utilisé la violence pour divertir, ce qui est naturel, puisque la violence vient d'un conflit et que le conflit, justement, est à la base de l'action dramatique. Mais, lorsque j'ai lu ce scénario, je me suis dit que là résidait peut-être une chance d'exposer un point de vue sur le fait que la violence n'est ni belle ni prestigieuse. Qu'elle ne va pas sans douleur ni conséquence, y compris pour ceux qui en sont à l'origine... » (Clint Eastwood).

Avec ce film, on pourrait imaginer une autre version de *L'Ame des guerriers*, une version heureuse : Beth aurait réussi à changer son « homme » en l'obligeant à venir vivre avec elle sur la terre des ancêtres. Mais dans *Unforgiven*, l'épouse « salvatrice » de William est seulement évoquée, elle n'apparaît jamais en chair et en os, on ne la voit pas avec William et les enfants à la ferme. Et pour cause : la femme de William Munny est morte « de la petite vérole, et non pas de la main de son mari ».

Le film commence véritablement quand un jeune tueur à gages se rend dans l'enclos où William vit au milieu de porcs avec ses deux enfants : il propose au canardeur rangé de partir avec lui à la recherche de deux cow-boys qui ont tailladé le visage d'une prostituée. Celle-ci avait osé s'esclaffer devant la petitesse de « l'arme sexuelle » de l'un d'entre eux. Offusqué par le comportement des deux cow-boys, on comprendra mieux plus tard pourquoi, William, le vieux tueur, décide de partir avec Scoffield, le jeune tueur, à la recherche du « tailladeur », ce qui lui permettra de bénéficier de la récompense promise par les prostituées qui ont mis en commun leurs trésors de guerre.

On le saisit dès les premières séquences : *Unforgiven* met en scène un double mouvement de sortie de et de retour à la violence. Grâce à une femme, un tueur renonce à tuer et fonde une famille. Mais sous l'influence d'un jeune tueur qui se souvient de lui comme d'une figure de légende, il reprend du service. Pourquoi le décide-t-il ? Parce que la violence exercée contre la prostituée (Dalila) lui paraît insupportable ? Parce qu'il veut réagir à un acte odieux, venger la prostituée ? Parce qu'il ne supporte plus son havre familial, la ferme où il élève porcs et enfants ? Ou bien encore parce qu'il ne peut plus vivre dans un espace d'où sa femme a disparu ? Tous ces éléments interfèrent, manifestant que les personnages féminins jouent ici un rôle déterminant : eux seuls justifient de calmer la violence, ou bien de tuer à nouveau. Les femmes sont à l'origine de la violence, en bien ou en mal, l'apaisant ou l'exacerbant.

Une femme l'a conduit à renoncer à ses vices, à les oublier, et c'est le crime contre une prostituée qui l'amène à décrocher ses armes. Dès lors, c'est l'une des parties les plus originales de ce western, on voit l'ancien tueur réapprendre le métier de tueur, se faire bousculer par sa monture, porter maladroitement ses pistolets. Mais faut-il en conclure que la rééducation aux armes débouchera naturellement sur une retombée dans la violence ?

Sorti de la violence par une femme, il va y retourner, y retomber, pour venger des femmes. Mais le film met parallèlement en scène deux personnages masculins qui incarnent chacun à sa manière un type de violence : le shérif Little Big (Gene Hackman) et le tueur professionnel English Bob (Richard Harris).

Ce dernier est un tueur qui continue à semer le trouble et la terreur partout où il passe : il est exactement le double du tueur que William Munny a incarné autrefois et qu'il pourrait bien redevenir. Le premier, Little Big, est le shérif du comté d'Hodgeman où la prostituée a été agressée. C'est un shérif qui croit à sa mission : il a pour ambition de mettre un terme à la violence, d'en finir avec les tueurs, et plus particulièrement avec la violence armée des tueurs. Toujours entouré d'acolytes « armés », il ne porte pas lui-même d'armes et manifeste une préférence pour deux solutions : ou bien il a recours aux coups de poing et de pied, à la force physique la plus redoutable, pour « descendre » le tueur, ou bien il propose des amendes destinées à régler les différends. Ainsi demande-t-il aux deux cow-boys de payer leur crime en remettant cinq bêtes au tenancier du bordel : avec ces « bons ouvriers » qui ont commis une faute, il pense qu'il n'a pas affaire à des bandits, à des gens mauvais, et il décide, au grand dam des prostituées, de leur épargner les coups de fouet. Les bêtes qu'il doivent donner en signe d'excuse dans les deux mois suffiront à faire oublier le délit, d'où la décision des prostituées de proposer une prime à ceux qui ramèneront les deux tueurs que le shérif ne veut pas fouetter parce qu'ils ne sont pas des tueurs comme English Bob.

Little Big est la plaque tournante du film car il est le maître de la violence : il distingue en effet la bonne violence de la mauvaise, la violence pardonnable de celle qui ne l'est pas. Il s'en prend avec agressivité à celle qui lui semble impardonnable, et fait preuve de beaucoup d'indulgence envers celle qui ne l'est pas. Quand English Bob, un tueur toujours actif, arrive par le train avec ses armes dans la ville, il lui impose immédiatement de « déposer les armes » avant de le tabasser à coups de pied. Le gardien de la loi impose son ordre par la force physique, mais il s'en prend avant tout aux tueurs d'hier qui ont toujours eu recours aux armes. On le voit tuer successivement English Bob et Ned Logan, le compagnon de William que ses hommes ont arrêté. Face au monde des femmes et des tueurs (anciens ou nouveaux), il y a le monde de la loi et de la force : paradoxalement, les scènes les plus violentes sont celles – en écho à la scène du tailladage de la prostituée – où le shérif impose sans armes son ordre par la force. S'imposant aux tueurs – le tueur est un homme armé, sans sentiment ou qui se croit au-dessus des autres comme l'aristocrate britannique qu'est English Bob –, la force de la loi donne lieu à une manifestation de violence d'une grande intensité sur l'écran. La violence n'est donc pas (ou plus) le privilège des tueurs armés, elle soustend le comportement de ceux qui croient être de bons ouvriers, et surtout du représentant de l'ordre dont l'ambition est de mettre un terme à la violence des vieux tueurs armés. Little Big se sent plus proche des vertueux qui fautent, il leur pardonne, il ne les fouette pas, il se sent plus proche d'eux que des tueurs (repentis ou non) qui recourent aux armes. Aux premiers il pardonne, aux seconds il ne pardonnera jamais car il ne croit pas à leur métamorphose, il rejette l'idée qu'ils puissent se décharger, se débarrasser de la violence.

English Bob est le double de William. Comment un tueur, l'homme mauvais par excellence, pourrait-il un jour décider de déposer les armes ? On a traduit *Unforgiven* par *Impitoyable*, il y a là non seulement un contresens mais surtout une profonde erreur car ce film porte avant tout sur le pardon. Comment déposer les armes quand les autres ne veulent pas vous pardonner ?

Pardonner ou non ?

Dès lors, le tueur rangé repart à l'assaut pour que la violence perpétrée ne reste pas sans contrepartie. Le scénario se précise : William veut faire la loi – il y trouve ses intérêts – et rencontre sur sa route la force physique, la masse corporelle du shérif qui a « achevé » Ned Logan avec ses hommes de main. Est-il alors en train de redevenir celui qu'il était autrefois, de ressembler au personnage d'English Bob ? Redevient-il purement et simplement un tueur qui a déposé les armes momentanément ? Certainement pas. Face à son passé – « Tout le monde pensait que je tuais par méchanceté » – et face à la violence du shérif ou des cow-boys, il évoque une autre relation à la violence des armes. Il ne désire, dit-il, que repartir sur d'autres bases avec ses enfants, mais en même temps il use de la violence avec crainte. Il a peur de ses armes, de sa violence : il n'est plus le même, il a renoncé à être un tueur professionnel, un méchant homme. Et s'il n'en reprend pas moins le métier, il n'a pas le choix : la violence n'est pas uniquement la mauvaise violence des tueurs armés, c'est aussi celle de ceux qui veulent faire « déposer les armes » et frappent si fort ceux qui leur résistent qu'ils les « achèvent ». Entre la violence d'English Bob et celle du shérif, William agit comme un homme qui cherche à renoncer à la violence mais n'y parvient pas.

Telle est la leçon du film : on peut se ranger, bénéficier de la protection et de la grâce d'une femme, il n'en faut pas moins agir pour venger les femmes quand des hommes en abusent. Non, le monde n'est pas celui qui sépare les vicieux et les tueurs des autres, il est clair que le shérif et les cow-boys sont des vicieux qui abusent des femmes. On ne peut jamais se soustraire complètement à l'expérience de la violence, se retirer dans un enclos protégé, car la violence physique exercée par des hommes contre des femmes n'est pas plus légitime que la violence arbitraire des tueurs à gages. Quand William vise le shérif, le tenancier et les hommes, il tremble, il est livide, blême, il ne peut pas faire autrement. Le cercle de la violence qui oppose le méchant à l'homme de la loi est un cercle vicieux. William rend la justice à sa manière : tuant tous ceux qui sont à l'origine du meurtre de Logan, son compagnon, il montre que la violence subie par d'autres est devenue insupportable, et du même coup qu'on ne peut pas s'y soustraire une bonne fois pour toutes. Le film ne donne pas de réponse, on apprend que William est parti avec ses enfants à San Francisco où il s'est installé comme commerçant et connaît la prospérité. Ce n'est pas le shérif qui résout la violence, mais le monde marchand où l'échange des biens n'est pas mû par les armes.

Au fond, le shérif n'avait pas tort de proposer aux deux cow-boys de payer leur délit en donnant des bêtes, mais il avait tort de considérer que les tueurs à gages ne pouvaient pas être pardonnés. Le tueur a retrouvé les armes, mais la parenthèse est fermée : on retrouve l'interrogation initiale d'une mère qui s'adresse à sa fille après son décès. William a compris, grâce à l'amour d'une femme, qu'on pouvait éprouver des sentiments et ne pas se livrer aveuglément, comme des bêtes, à la violence. William a changé, mais la force de la loi ne permet pas aux méchants de se métamorphoser quand elle distingue de manière caricaturale les bons des méchants, ceux qui sont méchants parce qu'ils n'ont pas déposé leurs armes, et qu'ils ne pourront jamais les déposer puisqu'on ne leur pardonnera pas leur méchanceté passée. « Je suis un simple citoyen, dit William, je ne suis pas différent de qui que ce soit d'autre. » Mais qui peut le croire ?

La grâce des femmes

On a souligné le lien entre le personnage de William et la carrière d'acteur d'Eastwood qui a joué, après une célèbre série de westerns parodiques (les films de Sergio Leone), le personnage du « canardeur », du tueur ou du détective violent, à commencer par le rôle de l'inspecteur Harry (« Dirty Harry »). Eastwood s'interroge sur le tueur qu'il a si souvent incarné : est-il possible de rompre avec, de renoncer à la violence ? N'y a-t-il pas là une utopie ? Ici l'utopie n'est pas celle du retour au village, de l'enclos désertique où se trouve la ferme isolée, elle consiste à croire que l'on peut mettre un terme à la violence des hommes. Même si l'on tient en respect tous les tueurs armés, tous les méchants, tous les vicieux, des petits minables n'hésiteront pas à taillader le corps des femmes parce que l'une d'entre elles aura souri de la petitesse d'un sexe, l'arme physique par excellence des « hommes ». Eastwood regarde le personnage du canardeur, le scrute : il montre comment celui-ci ne supporte plus d'exercer la violence mais doit s'y résoudre pour d'autres raisons que celle de gagner un peu d'argent. On n'en finit jamais avec la violence, mais on peut échapper à la situation du tueur professionnel. Dans *Un monde parfait* (*A Perfect World*, 1993) du même Clint Eastwood, c'est un homme en fuite qui vient de s'échapper et prend un enfant en otage, noue une relation d'amitié avec lui… avant de se faire descendre. On peut changer, reste que la violence ne sera jamais totalement contenue. Deux issues interviennent alors dans les dernières réalisations de Clint Eastwood : celle du marché, de l'argent qui permet aux hommes d'échanger sans s'exterminer, et celle de l'amour. On a remarqué que *La Route de Madison* était une manière de répondre, pour le tueur vieillissant, à la violence. Oui, il y a des issues à la violence, mais il ne faut pas croire que l'on peut s'en débarrasser totalement. Il faudra toujours défendre des prostituées contre des salauds qui se prennent pour des gens bien et ne rêvent que d'enfermer tous les vicieux du monde, les prostituées comme les canardeurs. Le film présente une parenthèse : on ne sait pas si William reprendra à nouveau les armes, une fois devenu un commerçant argenté. Il est parti ailleurs, convaincu qu'il a changé grâce à une femme, une femme dont il ne nous a peut-être pas été dit par hasard dès le début du film qu'elle n'est pas morte de sa main mais de la petite vérole. A la fin d'*Unforgiven*, l'énigme persiste, le mystère demeure : « Quelques années après, Madame Ansonia Feathers fit le pénible voyage jusqu'au comté d'Hodgeman pour voir où reposait définitivement sa fille unique. William Munny avait depuis longtemps disparu avec ses enfants… Certains disaient pour San Francisco où il prospérait dans le commerce. Mais il n'y avait rien dans l'épitaphe qui expliquât à Madame Feathers pourquoi sa fille unique avait épousé un célèbre voleur et assassin, un homme notoirement dépravé et de tempérament violent. »

Cette femme que sa mère promettait à un mariage plus heureux et réussi ne fut-elle pas à l'époque l'une de ces prostituées, l'une de ces « belles de jour » que William venge contre les faux vertueux ? Impossible de comprendre ce film sans comprendre le décalage qui intervient entre hommes et femmes. D'un côté, la violence du shérif qui ne pardonne pas aux tueurs, qui ne leur permet pas d'en finir avec la violence, tout en favorisant les petits salauds. De l'autre, les femmes, on le voit dans bien d'autres films, sont la planche de salut des hommes mais aussi la raison d'exercer la violence et de reprendre du service. Qu'y a-t-il de plus détestable : un tueur qui canarde ou un cow-boy qui n'hésite pas à taillader le corps d'une femme ?

La force de ce film « féminin » réside dans sa capacité de montrer que l'expérience de la violence est multiple, protéiforme : la violence dangereuse est exercée par ceux qui sont heureux de faire le mal (le tueur à gages) ou par ceux qui sont convaincus que le bien se résume à l'ordre. Non, il est malheureusement inimaginable de déposer les armes une fois pour toutes, semble dire Eastwood : la violence la plus odieuse est ici celle du shérif, celle qui ne veut rien pardonner.

Comment ne pas devenir une bête ? Ou la peur de la mauvaise violence (« The Indian Runner »)

> « Le souvenir lui revint d'un matin neigeux sur le plateau Lukachukai : de son grand-père qui passait du pollen sacré sur le canon de son vieux 30-30 puis entonnait un chant : de la voix claire du vieil homme qui s'adressait à l'esprit du cerf afin que la chasse à laquelle il allait se livrer pour avoir de la viande pour l'hiver soit bonne et juste et en totale harmonie avec les choses de la nature, conférant ainsi à l'acte à venir la beauté navajo » (Tony Hillerman, *Là où dansent les morts*).

Le premier film de Sean Penn, encore un acteur connu pour ses rôles de dur ou de violent durant les années 80, sort en 1990, alors qu'il vient de jouer avec Christopher Walken dans *Comme un chien enragé* de James Folley dont le thème de la méchanceté est le ressort principal, un film qui s'interroge sur la fatalité de la violence, et sur l'incapacité à s'en délivrer dont certains individus sont atteints[1].

La peur

La violence fait peur, mais pas uniquement à ceux qui sont incendiés par ses brûlures, infectés par son virus et se découvrent impuissants devant elle (« Ça nous prend, on n'y peut rien... »). La violence fait également peur à celui dont la tâche est de la contrôler, voire d'y mettre un terme, de l'éradiquer, la violence fait à la fois peur au policier et au mauvais garçon qui sait qu'il va inéluctablement « retomber », comme on le dit d'un ancien taulard récidiviste. Quelles sont les pulsions qui conduisent à cogner ou à tuer alors qu'on ne l'a pas voulu ? Pourquoi prend-on subitement peur, et finit-on par achever le corps ennemi qui fait obstacle ? Pourquoi Franky est-il brûlé dans son corps au point de devenir incendiaire pour montrer ce qu'il ressent ?

1. Il a joué récemment, dans un film de Tim Robbins, *La Dernière Marche* (*Dead Man Walking*, 1995), le rôle d'un condamné à mort qui, au contact d'une religieuse, cherche à se repentir.

Synopsis d'« Indian Runner » (1990)

Vers 1968, dans une petite ville du Nebraska. Deux frères, Joe et Frank Roberts, jadis très proches l'un de l'autre, doivent aujourd'hui affronter une série de décisions dangereuses et difficiles. Joe, qui a échoué comme fermier, est devenu policier. Frank, qui fut le type même de l'enfant à problèmes, revient du Vietnam. Mauvaise graine, violent, il est toujours prêt à prendre des risques. En revanche, Joe soutient les valeurs positives traditionnelles – la loi et l'ordre, la famille et la communauté – et s'investit profondément pour aider son frère à trouver sa place dans une société responsable.

Après une première séquence durant laquelle on assiste à la mise à mort d'un cerf dans la neige pendant qu'un récitant évoque l'art du messager indien, les images déroulent un plan qui redouble cette première mise à mort.

« Les cerfs se déplacent en cercles. Mais l'Indien savait que s'il calculait bien son approche, il pouvait épuiser l'animal. Les sabots en sang, la bête finissait par trébucher. Le chasseur indien pouvait se pencher sur le cerf et poser sa bouche sur la sienne pour lui voler son dernier souffle. Il avait fait sienne la rapidité du cerf. Mais, figée dans la mort, la bête le frappait par sa sérénité. Une sérénité qui devenait sienne. »

Une différence essentielle intervient cependant : si la première mise à mort est celle d'un animal, la seconde est celle d'un homme. Tout le film évoque cette inquiétude : qu'il tue un animal ou un homme, l'homme qui tue se rapproche dangereusement de l'animalité au point de devenir une bête humaine. Le texte initial est clair : « Le tueur tue pour embrasser l'animal, lui voler son dernier souffle et jouir de sa sérénité. »

La deuxième séquence du film met donc en scène une course-poursuite entre deux voitures : la première est conduite par un jeune homme passablement excité (la drogue, l'alcool !), et la seconde, munie de gyrophares, par un policier : or, cette mauvaise course se termine par la mise à mort du garçon poursuivi. Joe Roberts, le policier, sort de sa voiture, le braque et tire sur lui comme s'il avait eu peur de ne pas parvenir à contrôler la situation, comme s'il craignait d'échouer à l'arrêter et à lui passer les menottes. Joe Roberts a-t-il eu raison de tirer à mort sur un homme qui, de prime abord, n'était pas un criminel de haut vol ? Mais on n'en saura pas beaucoup plus, les plans suivants montrant la gêne qui s'empare du visage du policier et le regard vengeur des parents du jeune homme. Alors qu'il est devenu un héros dans la petite ville (le policier qui débarrasse la cité de la lie humaine), seules sa femme et sa mère comprennent qu'il supporte mal la violence qu'il vient d'exercer, la mise à mort accomplie inutilement. Mais l'argument de la mère est étrange, renvoyant au seul discours de la force et de la vengeance, accroissant le malaise de l'homme de loi : « Tu ne dois pas avoir de remords, si tu n'avais pas tiré sur lui, il t'aurait tué. » Pourquoi l'homme de loi a-t-il pris peur ? Le représentant de l'ordre n'est pas au-dessus de tout soupçon, c'est un thème classique : il peut exercer une violence arbitraire, se laisser piéger, ne plus distinguer son comportement de ceux qu'il cherche à atteindre en les doublant (voir, exemple parmi d'autres, *Le Prince de New York* (1982) de Sydney Lumet qui porte sur la lutte anti-drogue). Mais Joe Roberts se distingue du shérif d'*Unforgiven* qui écrase volontairement les mauvais et n'en a aucun remords, le jeune policier est troublé par sa propre violence. Plus tard, Frank, le frère de Joe, lui demande ce qu'il a ressenti au moment où il a tiré, puis quand il s'est rendu compte qu'il avait achevé la bête. Pour les deux frères, pour le policier comme pour celui qui sombre sauvagement mais involontairement dans la violence, il est manifeste que la violence exercée laisse des traces, fait mal à celui qui la subit, mais aussi que celui qui en est le déclencheur n'en sort pas indemne. A moins d'être une bête humaine. C'est la première leçon du film : on peut être un homme d'ordre et exercer une violence inutile.

Mais cette violence se projette dans le cas de Joe dans celle qu'exerce son frère Frank. Celui-ci est un « ancien » du Vietnam : revenant tout juste d'une guerre qui « n'a pas fait dans la dentelle » et où l'on devenait un tueur sans le vouloir, il décide de ne pas rester dans la ville où vit son frère, avec son épouse et ses parents. Il refuse de voir ces derniers et rejette l'invitation de son frère qui lui offre l'hospitalité. Quand Frank saute à l'arrière d'un train pour s'éloigner de ses proches, Joe le regarde avec admiration et murmure qu'il est un héros. Que se passe-t-il dans la tête de Joe qui se remet mal de son geste fatal, et qui ne supporte pas de se considérer comme un meurtrier ? Voit-il dans son frère l'ancien du Vietnam qui avait là-bas des raisons de tuer ? Ou bien celui qui cède à la violence sans aucune raison, par défi, par folie, par délire ? Frank porte en lui une double violence : celle du guerrier, de retour du Vietnam, et la violence psychique d'un individu qui ne peut pas faire autrement. Ce dédoublement est au centre d'une interrogation sur la violence, et sur les peurs qu'elle provoque : alors que la guerre donne le droit de tuer, rapproche l'homme de la bête, couvre en partie la violence, celle-ci n'a plus de légitimité dans un monde où elle relève de la loi. Que faire de sa violence ? Ou la faire passer ? Si Joe apporte une partie de la réponse en s'engageant dans la police de cette petite ville du Nebraska, Frank ne sait que faire de sa violence. Et l'on comprend vite qu'il en a d'autant plus peur qu'il craint de l'exercer contre ses proches.

La violence du messager indien ou l'art de la chasse

Mais l'intérêt du film réside dans la dissolution du cercle familial qui accompagne la tentative de Frank, le policier, de recréer le tissu familial. La mère meurt peu de temps après le retour de son fils qu'elle n'a donc pas le temps de voir, et le père se suicide plus tard. Ce geste de mise à mort de soi-même suit une séquence au cours de laquelle se succèdent des images en noir et blanc : on y voit le père en train de rêver à une époque révolue, celle où il jouait avec ses enfants, et plus particulièrement avec Frank pour lequel il a manifestement une affection particulière. Mais pourquoi le rêve précède-t-il le suicide ? Le père, vigoureusement incarné par Charles Bronson, dont le visage pourrait être celui d'un Indien, se souvient d'un monde et d'une époque où ses enfants jouaient, où ils jouaient à se battre, où ils rusaient avec la violence, où ils se laissaient aller à la bagarre pour mieux travestir leur agressivité naturelle. En rêvant au temps de l'enfance, il rêve aussi au messager indien, au coureur indien, au chasseur indien, *the Indian Runner*, à celui qui courait à travers la forêt pour attraper le gibier, l'ours, le grizzli.

A toute épreuve, de John Woo, 1992. © Coll. Cahiers du Cinéma

The Killer, de John Woo, 1986. © Coll. Cahiers du Cinéma

Tueurs nés, d'Oliver Stone, 1994. © Coll. Cahiers du Cinéma

Reservoir Dogs, de Quentin Tarantino, 1992. © Coll. Cahiers du Cinéma

La Haine, de Mathieu Kassowitz, 1995.

La Haine, de Mathieu Kassowitz, 1995.

Impitoyable, de Clint Eastwood, 1992. © 1992, Warner Bros. Inc. / Coll. Cahiers du Cinéma

The Indian Runner, de Sean Penn, 1991. © 1991, Westmount Communications Film Joint Venture, L.P., photo Michael Tighe / © Coll. Cahiers du Cinéma

L'Ame des guerriers, de Lee Tamahori, 1995. © Coll. Cahiers du Cinéma

King of Comedy, de Martin Scorcese, 1982. © Coll. Cahiers du Cinéma

Taxi Driver, de Martin Scorcese, 1976. © Coll. Cahiers du Cinéma

Orange mécanique, de Stanley Kubrick, 1971. © Coll. Cahiers du Cinéma

Full Metal Jacket, de Stanley Kubrick, 1987. © Coll. Cahiers du Cinéma

Le Malin, de John Huston, 1979. © Coll. Cahiers du Cinéma

« Il y avait des ours. Ça fait pas si longtemps. Y avait même plein d'arbres. Une terre toute neuve [...]. Qu'est-ce qu'il disait Papa ? Qu'il y avait des villages sioux à 40 kilomètres au nord, un autre à 16 kilomètres au sud-ouest. Et que ce n'était qu'une forêt traversée par des messagers indiens déchiquetés par les loups. Invulnérables ! Dépecés par les grizzlis. Invulnérables ! C'est ce que disait Papa : "Invulnérables !"

« Hors du temps et de l'espace, le message devient son message. T'as jamais vu un loup ou un ours qui dévorait un message ! » Et son frère de lui rétorquer : « Je sais pourquoi tu dis ça : Papa a fini par gagner ton respect. Il aurait dû être un messager indien. »

Ce rappel de la violence du messager indien renvoie la famille au cercle tribal, au cercle des origines, à l'époque qui a précédé la colonisation et un mouvement d'urbanisation qui a tué les villages indiens. Bref, elle évoque la rupture généalogique d'un microcosme dont la mémoire est blessée. Le mouvement est l'inverse de celui de *L'Ame des guerriers*. Frank et Joe se souviennent d'un temps où le messager indien courait encore autour des villages environnants, pas trop loin de la ville où la famille vit désormais. La violence est devenue insupportable : elle n'est plus celle des messagers indiens qui traversaient autrefois les hautes terres. La terre des ancêtres a été souillée : dans les villages sioux qui se trouvaient à 40 kilomètres au nord et à 16 kilomètres au sud-ouest, il y avait des forêts que traversaient les messagers indiens. « Déchiquetés par les loups. Invulnérables ! Dépecés par les grizzlis. Invulnérables ! » C'était une autre terre : la terre des Indiens mais aussi la terre où les deux frères jouaient avec leur père en se prenant pour des messagers indiens. « Hors du temps et de l'espace, le message devient son message. » Aujourd'hui la violence n'est plus un jeu, on ne rêve plus à ces jeux guerriers, à ces chasses contre les bêtes (incarnation de la méchanceté) qui se déroulaient dans les contrées indiennes. Aujourd'hui les crapules qui ont pris la ferme sont les employeurs de celui des deux fils qui s'est enrôlé dans la police, rappelle le père avant de se tuer. Aujourd'hui, ceux qui ont repris la terre n'ont pas le feu, ils n'y vivent pas, ils « s'en foutent » de cette terre. En perdant l'art de la chasse, on perd le feu sacré, celui qui brûle, celui que l'on ressent quand on vole à l'animal la sérénité de son dernier souffle. « Le feu, dit Franky à son frère, tu l'as éteint ! Il était en toi quand t'étais jeune. Tu brûlais. Ce qui te reste, c'est de savoir que tu as brûlé, que tu avais le feu en toi. J'ai brûlé. La terre fut labourée. J'ai brûlé. Le sol fut retourné. Ils t'ont tout piqué. Affaire classée. La séance est levée. »

Le regard porté sur la violence ne se résume pas cependant à cette nostalgie de l'enfance et des terres où couraient encore des messagers indiens. Pour les membres de la famille, « le messager indien » est celui qui se battait avec des bêtes au sein d'un monde naturel. Le messager indien respectait les bêtes qu'il mettait à mort, il ne sous-estimait pas sa propre part sauvage, sa bestialité. En chassant les bêtes, le messager indien marquait une différence entre la nature et la culture, ce qui permettait aux hommes de ne pas mépriser les bêtes et de résister à leur propre pente bestiale. Aujourd'hui, après le Vietnam, la guerre entre la nature et la culture est devenue un mensonge qui ne laisse d'autre issue que de se prendre pour le « gardien de la loi » ou de courir dans le tunnel de sa propre folie, et de se laisser happer par la violence. Une autre image hante Frank : celle d'un messager indien courant à toute vitesse dans un tunnel de tôle ondulé : ni haut ni bas, ni début ni commencement dans ce tuyau noir et interminable dont le corps et l'esprit sont définitivement prisonniers. Quand la rupture avec le messager indien, celle qui symbolise la coupure avec les origines et la mort de l'enfance, est consommée, la violence devient aveugle : le tunnel ressemble à celui de l'une des séquences de *Rêves* de Kurosawa. Il y a là l'image d'une violence où l'homme de culture court à sa propre poursuite, d'un monde d'où la nature est rayée de la carte, où les Indiens sont morts ou parqués. Et dans une telle obscurité, face à un tel aveuglement, il est difficile de résister à sa propre sauvagerie. On ne sait plus quoi faire de sa violence propre, de sa bestialité, on ne résiste plus aux pulsions mauvaises. Impossible de ne pas se souvenir de la longue scène de chasse qui représente après celle du mariage l'une des séquences les plus fortes de *Deer Hunter* (1979) – *Voyage au bout de l'enfer* est devenu en français la traduction de ce titre qui évoque l'art de la chasse – de Michael Cimino. Avant de partir au Vietnam, un groupe d'amis testent leur propre violence en jugeant de leur capacité à tuer des bêtes. La scène de mise à mort du cerf est essentielle comme l'ouverture de *The Indian Runner* : la manière de tuer une bête témoigne de l'aptitude des hommes à ne pas être des bêtes. Achever une bête sans défense est bestial, courir après un animal en lui donnant sa chance, en lui permettant de s'échapper, ne l'est pas.

Comment éviter de « cogner comme une bête » ?

Après avoir quitté la ville de ses parents qu'il a refusé de revoir – pour Frank, quelque chose est cassé dans l'ordre de la mémoire et de la filiation –, l'ancien du Vietnam rejoint une ville de l'Ohio où il se met en couple avec une jeune fille et s'installe dans un motel. Joe essaie de garder le contact, mais Frank refuse toujours : il ressemble à un grand animal blessé qui ne supporte pas les contacts et n'aime pas trop qu'on lui résiste. Dans la rue, il se retourne quand on le frôle, celui qui passe trop près de lui est un agresseur potentiel, une ombre qui le menace. C'est plus fort que lui : il couvre de coups et cogne celui qui le regarde de travers. Frank est violent, mais cette violence n'est pas celle du guerrier ou celle du boxeur qui connaît son adversaire, c'est la violence d'un homme qui a peur, et qui a d'abord peur de sa propre violence qu'il décharge n'importe comment parce qu'il ne sait pas quoi en faire. C'est un ancien du Vietnam qui a vécu sans champ de bataille, une guerre d'ombres, une guerre où la violence arrivait à l'improviste et de partout. Aujourd'hui, « ça le prend, c'est plus fort que lui », il faut cogner « comme une bête ».

Comment éviter de « cogner comme une bête » ? La violence est ici protéiforme : il y a la violence rituelle, celle du messager indien, la violence de celui qui ne met pas à mort n'importe comment car il sait qu'il peut être une bête ; il y a la violence policière incarnée par Joe, une violence légale qui n'est pas prémunie contre la peur et peut devenir inutilement sauvage ; il y a enfin celle de Frank : une violence affolée qui intervient par à-coups et fait peur à son auteur, apparemment le plus violent et pourtant le plus sensible de tous à la disparition du « messager indien ». Peut-être parce qu'il revient de la guerre !

Frank résiste à la violence en dépit de la jouissance qu'il y trouve par moments, il s'en prend à ses accès de méchanceté. Il ne se laisse pas influencer par le discours de Caesar – interprété par Denis Hopper, l'un des « méchants » du cinéma américain contemporain avec Christopher Walken, James Woods, Tommy Lee Jones et Kevin Spacey –, le tenancier du bar local qui exhorte Frank et cherche à le culpabiliser : il lui dit qu'il est malheureux parce qu'il n'ose pas faire le mal, qu'il est méchant par peur de ne pas respecter la Loi et Dieu. Mais Frank se démarque de Caesar, un personnage dont la faiblesse est manifeste : il pousse les autres à la violence et part se cacher dans les toilettes quand les choses risquent de mal tourner. Pour Frank, il n'y a pas les hors-la-loi et les autres, les gens de loi, mais les faibles et les forts, ceux qui cherchent à apaiser la violence congénitale et ceux qui s'en satisfont, ceux qui n'ont pas peur d'avoir peur et ceux qui se refusent à avoir peur de la violence. Caesar crache sur la loi, mais c'est un faible : Joe incarne la loi mais il a éprouvé ses faiblesses, sa lâcheté, et il en a peur, lui, l'ancien fermier qui s'est enrôlé dans la police parce qu'on lui a pris ses terres. Le seul qui n'ait pas peur de montrer qu'il a peur de lui-même parce qu'il est fou de sa propre violence, c'est Frank, l'enfant qui n'a pas réussi à vieillir au point d'en faire mourir son père qui ne pouvait pas oublier les murmures et la course du messager indien dans la forêt[1].

Frank a peur de lui-même, il a peur de passer à l'acte, il sait qu'il est incapable de se contrôler et qu'il peut frapper n'importe qui, même ceux qu'il aime, parce que le messager indien est mort. Et qu'aujourd'hui on tue n'importe comment : son amie Dorothy en fait les frais à plusieurs occasions. Ayant pourtant décidé de vivre chez son frère après le suicide de son père, il s'est mis au travail, a fini par se marier et sa femme Dorothy attend un enfant. Mais c'est plus fort que lui : l'annonce de la naissance de son enfant le terrifie, le met hors de lui, et il part rejoindre Caesar dans son bar où il a une altercation violente avec son frère venu le rappeler à l'ordre des choses, à sa généalogie. Il boit et s'en prend à un homme qui a dû le regarder de travers alors qu'il ne voyait plus rien, qu'il était dans son tunnel, celui de la bois-

1. Le thème du rapport à l'Indien et à la bête hante le western américain. Dans *La Lance brisée* d'Edward Dmytryk (1954), Spencer Tracy, qui a pris pour seconde épouse une « princesse indienne », apprend à ses fils à ne pas tuer les ours. Les dernières images du film montrent un ours qui regarde les humains du haut de la montagne, comme s'il était leur dieu protecteur. Plus récent, *Cœur de Tonnerre* de Trebeca Waterhouse (1992) met en scène des Indiens qui tentent de renouer avec une religion de la nature.

son et de la folie. Tout se termine dans un bain de sang, le sang de l'homme qu'il a éborgné, le sang de Joe qui se blesse volontairement pour lui prouver qu'il n'est pas si faible, le sang de Frank dont le visage est lacéré, mais aussi le sang de Dorothy en train d'accoucher.

On n'échappe pas au sang, à la naissance, les symboles sont manifestes : on n'échappe pas à la lignée, à la généalogie, à ceux qui ont précédé sur les terres indiennes. La dette envers une généalogie est ici vécue comme une aliénation : toute la violence du film réside dans cette rupture généalogique, dans la cassure historique avec les Terres, qui rend la violence plus insupportable car irrémédiablement condamnée à être arbitraire, inutile, ou légale. Quand le messager indien est mort, la ritualisation de la violence disparaît et, avec elle, la conscience que l'homme peut devenir une bête, faire preuve d'une faiblesse insigne en dépit de ses exhortations de hors-la-loi (Caesar) ou de ses habits de policier (Joe). Il ne reste plus à quelques cinéastes qu'à ritualiser la violence dans les images (John Woo ou Quentin Tarantino), à défaut de retrouver le sens rituel de la violence. La peur qui sous-tend la violence, c'est ici celle de Frank qui ne veut pas grandir et qu'on envoie un jour au Vietnam, mais aussi celle d'un père qui met fin à ses jours car il ne peut plus rêver d'un monde où l'on ne tuait pas n'importe comment les animaux, où l'on respectait la sérénité d'un animal en train de mourir. Quand la chasse n'est plus un rituel, le suicide se profile à l'horizon comme l'arme de ceux qui se savent condamnés à devenir de plus en plus faibles.

La violence, entre la mort et la vie

La force du film de Sean Penn est de ne se nourrir d'aucune utopie « ancestrale » (le culte du messager indien ne renvoie pas à la non-violence mais à l'art de la chasse et au respect de la mort de l'autre), il met à nu les convulsions de la violence en soulignant d'abord qu'elle peut échapper à son auteur : on peut être la victime de sa propre violence, de cette violence qui fait peur parce qu'elle surprend, prend à l'improviste. Bref, on peut devenir un salaud sans l'avoir voulu, on peut sombrer dans la violence sans l'avoir désiré. Mais la violence est aussi une tension physique qui libère ou tire vers la mort : elle est à l'origine de la naissance comme de la mort, ce que met bien en scène le parallélisme des séquences de bagarre et d'accouchement.

La violence que subit la parturiente et celle que font subir le policier shérif ou le discours mauvais de Caesar sont antagonistes.

Comme dans la plupart des films que nous avons évoqués jusqu'ici, et le film de Sean Penn a le grand mérite de les éclairer, la femme est un personnage central : elle seule peut libérer de la violence. Mais elle n'est pas pour autant étrangère à la violence, elle libère de la violence car elle peut donner la vie en acceptant de faire violence à son corps, de laisser place à un autre à l'intérieur d'elle-même. Son corps, qui génère de la vie en se faisant violence, continue à incarner cette rencontre de la culture et de la nature, cette alliance de la vie et de la mort, celle dont la chasse du messager indien demeure le symbole pour des hommes qui disposent des femmes par peur d'avoir peur de leur propre violence.

Frankie s'en va une nouvelle fois au moment où naît son enfant car il a peur de faire mal, à sa femme ou à son enfant. Frankie a peur d'une violence dont il ne peut se débarrasser, il a peur de briser ce qui reste du lien généalogique. Il est le plus lucide de tous : il connaît sa propre violence, ses faiblesses, il sait que les ressorts symboliques d'un monde où la mort était apprivoisée sont brisés, mais il ne veut pas en rajouter, prendre le risque de décharger une violence supplémentaire. Alors qu'on a pu voir dans ce film l'histoire d'un individu pris par des accès de méchanceté, *The Indian Runner* évoque un personnage qui ne veut pas imposer sa violence à d'autres. Plus fou que Joe, il n'en est pas moins responsable, il ne veut pas prendre le risque d'achever quelqu'un qui lui résiste (femme ou enfant) comme Joe l'a fait au terme de la course-poursuite. Frankie n'a qu'une interrogation : comment ne pas imposer ma violence aux autres ? Comment préserver les autres de la méchanceté ? Mais il se pose cette question car il sait que la mort n'est plus respectée, qu'on tue comme des canardeurs, n'importe comment, et que les animaux sont à la merci du moindre coup de fusil. Il le sait, mais il n'en est pas moins convaincu qu'il faut que le monde se régénère : il préserve sa femme, force de régénération, et son enfant, préfiguration d'un avenir. La citation de Tagore qui apparaît à la fin du film – « Chaque nouveau-né signifie que Dieu n'a pas désespéré des hommes » – renverse l'esprit du film et lui donne du même coup toute sa consistance : Frankie a peur de la violence, il se retire, il se met en retrait de ses proches, des faibles qui croient encore à une régénération possible. Joe a compris qu'il ne le reverrait jamais, mais il murmure : « C'est bien, la vie, mon frère. » Comme si ce dernier lui avait rappelé qu'on est toujours atteint d'une brûlure, brûlé par cet incendie qui tord douloureusement le corps et l'esprit de Frank. Ce qu'il ne pourra pas oublier.

On est loin d'une utopie renversée, de la nostalgie de la terre indienne, la leçon des indiens est là, plus forte que jamais : « On ne tue pas n'importe comment, on ne brade pas les morts, on les respecte. » Autrefois il y avait un art de la guerre et un art de la chasse. Or, on sombre aujourd'hui dans une violence qui fait de plus en plus peur car on se comporte de plus en plus mal avec les morts. On veut faire comme si la mort et les morts n'existaient pas, d'où le double mouvement d'extériorisation et d'intériorisation de la violence. Le respect des morts est l'une des raisons d'être des vivants : c'est ici que les dernières images (celles de l'enterrement de Gracie) de *L'Ame des guerriers* rejoignent le message de *The Indian Runner*.

« Crossing Guard »

Le second film de Sean Penn porte également sur la violence, l'enfance et la mort. Au début de *Crossing Guard*, on apprend qu'une jeune enfant de sept ans a été tuée, victime d'un homme condamné à cinq ans de prison pour homicide involontaire et que celui-ci arrive au bout de sa peine.

Le film raconte la violence croisée de deux hommes – d'où le titre qui renvoie au personnage du gardien qui surveille l'entrée d'une résidence et regarde le père en train de préparer l'arme de la vengeance. Le film croise en effet deux violences : celle de John Booth, l'assassin, est de plus en plus intérieure, provoquée par le sentiment de culpabilité, tandis que le père d'Emily (Freddy) extériorise la sienne par le biais d'une arme toujours brandie, et décide de se venger, de tuer Booth. Celui qui a commis l'acte mortel intériorise sa violence après s'être cogné la tête en prison car il ne se supportait plus, celui qui a subi les conséquences de la mort de son enfant décide d'extérioriser sa violence intérieure, de passer à l'acte. A la différence de son épouse, la mère de l'enfant qui l'a quitté, il ne parvient pas à symboliser la mort. Freddy porte en lui une violence terrible, il n'a pas supporté la mort de sa fille, il ne s'est pas rendu à son enterrement,

Synopsis de « Crossing Guard » (1994)

Il s'est écoulé six ans depuis le jour où John Booth a tué accidentellement la fille de Freddy Gale. John Booth est allé en prison et la vie de Freddy est devenue un véritable enfer. N'ayant plus qu'une raison de vivre : se venger. Il ne trouvera le repos que lorsque John aura payé de sa propre vie. Pendant six ans, il a suivi sa trace, s'est entraîné et a compté les jours.

John est enfin libéré et Freddy va pouvoir enfin passer à l'action. Mais il doit faire face à son ex-femme, Mary, qui a pris un chemin différent pour oublier ce drame et son mariage brisé. Elle s'est remariée et élève leurs autres enfants. De son côté, John se bat pour continuer à vivre, hanté lui aussi par son acte, et trouve réconfort auprès d'une jeune peintre. Il sait par Freddy, qui est venu le voir dès sa sortie, qu'il ne lui reste que quelques heures à vivre. Après six ans de destruction et d'impasse, leur combat culmine dans une ultime confrontation.

et il ment quand sa femme dont il vit séparé – on le retrouve fréquemment entouré de danseuses dans une boîte de nuit où il passe ses nuits à boire – lui demande s'il s'est rendu depuis sur la tombe de sa fille. Freddy ne veut rien oublier, il est brûlé par une violence intérieure dont la seule issue, croit-il, est de tuer Booth. Mais en est-il vraiment persuadé, lui qui vient brutaliser sa femme dans sa nouvelle maison et lui crie qu'elle veut qu'il tue Booth, qu'elle attend son geste mais s'en cache ? Alors que celui qui subit la violence de la mort d'un enfant s'apprête à commettre un meurtre, John Booth, le criminel, cherche symétriquement à se faire pardonner. Quel lien y a-t-il entre l'enfant mort et lui, sinon le personnage de ce père qui a perdu les pédales et « le cherche », pénètre dans sa caravane pour le tuer mais échoue car son pistolet est enrayé ? Celui qui a commis le crime rencontre celui qui l'a subi, leurs douleurs communiquent, mais il faudra que Freddy commette une erreur similaire à celle de Booth en conduisant en état d'ivresse sur l'autoroute pour que la chasse au tueur rebondisse : il est arrêté pour avoir trop bu sur la route qui le conduit chez Booth qui avait écrasé sa fille en raison d'un excès de boisson. L'un et l'autre se croisent car la réponse de la loi ne peut être suffisante pour se débarrasser de l'épreuve de la violence (la sienne ou celle de l'autre) : John a subi plusieurs années de prison mais cela ne suffit pas à le délivrer de la mort d'Emily, tandis que Freddy ne parvient pas comme sa femme à oublier et n'a d'autre désir que d'exercer sa vengeance.

Dans la longue séquence finale, Booth cherche à échapper à Freddy qui est venu lui régler son compte : il se met à courir et tire Freddy, le forçant à le suivre, jusqu'au cimetière où se trouve la sépulture de sa fille. Le combat contre la violence est ici, comme dans beaucoup d'autres films, inséparable du thème du respect des morts. Comment manifester son respect à un mort ? Un mort tué par un autre, ou un mort dont je suis l'auteur ? Comment échapper à la spirale de la violence et de la vengeance ? Comment éviter que la violence ne déborde et produise un cycle infini de domination de la force ? L'intérêt de ce film est de montrer qu'il y a un trouble de la violence, que la violence est une épreuve. Ou qu'il n'est possible de se délivrer de sa propre violence qu'en l'éprouvant, en se confrontant à l'émotion qu'elle suscite.

Booth n'est pas lavé de son crime involontaire parce qu'il a fait de la prison, subi une peine, et le père ne parvient pas à surmonter l'émotion et n'imagine pas s'en sortir autrement que par un acte de vengeance. La violence est une épreuve redoutable qui exige qu'on s'y confronte : on n'en sort jamais, et il n'est d'autre issue que de respecter la mémoire de celui qui en est la première victime. C'est en se rapprochant de la tombe d'Emily que les deux hommes parviendront à accepter leur propre violence. Freddy comprend que son désir de vengeance ne lui permet pas d'oublier ce qui le tord et le fait souffrir, et John se rend sur la tombe de sa victime pour se faire pardonner. Le scénario du film est ici très explicite : le père, ivre mort au volant, se met dans une situation où il aurait pu lui-même écraser quelqu'un, un enfant par exemple. Il comprend qu'il n'est pas soustrait à la violence et qu'il est prêt à commettre un crime pour en oublier un autre. Sur la tombe, regardant les deux statuettes qui présentent un enfant et un agneau *(to our two lambs)* que la mère a fait sculpter, ils se serrent la main et le père accepte de pardonner à John Booth, celui qu'il a voulu tuer en croyant que cela lui permettrait de se débarrasser du poids de la mort de sa fille. Le film correspond à une double épreuve :

l'épreuve de celui qui est soumis au désir de vengeance, l'épreuve de celui qui veut se faire pardonner. Comment surmonter cette double épreuve, sinon en respectant la mémoire de la victime, de cette enfant qui a été tuée en raison de la petite folie d'un homme ? Le respect des morts et des victimes est la meilleure manière de résister aux excès de la violence, au cycle infini de la vengeance.

TROISIÈME PARTIE

Recyclages de la violence : Martin Scorsese et Stanley Kubrick

QUE SIGNIFIE l'impression que l'on chute dans la violence ? Essentiellement qu'on n'en sort ni utopiquement ni de manière révolutionnaire, que la violence de l'histoire comme celle des individus ne peut donner lieu à des inversions susceptibles de l'annuler. Bref, on est pris dans une violence dont il n'est guère concevable de s'échapper. Faut-il en conclure qu'on est devenu l'esclave de la violence, et que celle-ci ne donne place à aucune échappatoire ? Certainement pas. Voilà ce qui retient en priorité l'attention dans ce livre : que l'espoir d'une sortie de la violence, de son achèvement, de son annulation soit une illusion ne doit pas conduire à accepter l'état contemporain de la violence. Dès lors, il faut déplacer sensiblement l'approche et situer l'interrogation entre l'utopie (il faut en sortir) et l'état de nature (l'homme succombe à une violence dans laquelle il est installé). Ce qui conduit à surmonter l'opposition entre le bien et le mal, entre la mauvaise violence et l'invention d'un monde qui en serait dépourvu.

Dans cette optique il apparaît que la violence peut être recyclée en permanence : épousant diverses formes permettant de composer avec elle, plus ou moins bien, elle ne cesse de muter, de changer de peau et de visage. Entre l'idée que nous sommes absolument prisonniers de la violence et l'utopie d'un monde sans violence, il faut apprendre à voir un monde où la violence est constamment recyclée, métamorphosée. Plus encore, la polémique sur la violence des images est indissociable de la capacité des images à recycler la violence diffuse dans la société et en nous-mêmes. Dire que les images sont violentes est un constat imparable, mais toutes les images de violence ne se valent pas : elles n'ont ni le même statut, ni la même ambition. Les unes, accablantes, redoublent la violence en la montrant ; les autres tentent de la recycler, de la convertir, voire de la freiner.

S'en prendre à la violence des images relève de la simple invocation si l'on ne se demande pas esthétiquement quelles sont les images qui parviennent à transformer la violence qu'elles montrent. L'analyse d'un certain nombre de films de Huston, Scorsese, Kubrick a pour but de montrer que nous pouvons opposer à la nouvelle économie de la violence, celle qui l'accepte comme un donné inébranlable, des mises en scène qui s'efforcent d'en détourner le cours.

1. Que faire de la violence ?

De la chute à l'escalade

> « Je me demande pourquoi aujourd'hui on voit de plus en plus d'effets spéciaux montrant des corps mutilés, ou en décomposition. »
>
> Martin Scorsese

Faut-il donc laisser entendre qu'il n'y a plus de distance possible ? Que nous sommes piégés par un mouvement de naturalisation de la violence lui-même attisé par la guerre des images ? Est-on condamné à tourner en rond dans une violence qui se veut de plus en plus naturelle et qui ne se présente plus comme une expérience ? D'où cette interrogation : n'est-on pas condamné à recycler la violence si l'on ne parvient pas à en sortir ? Une interrogation qu'il faut relancer : comment recycler la violence si le déchaînement et la dérision y échouent par incapacité d'interrompre le flux des images et de la violence ? A travers quelques films, plus anciens que ceux évoqués précédemment, de Martin Scorsese et Stanley Kubrick, on verra peut-être comment il est concevable de renverser le cours de la violence « en images ».

Comment on entre dans la violence (« Taxi Driver »)

La violence n'est pas une donnée naturelle dans *Taxi Driver* (1976) : mise en perspective durant toute la durée du film, elle correspond à une expérience effective et n'est pas réductible à la conflagration finale, à l'assaut de violence qui conjugue l'épreuve de la chute individuelle et l'escalade de la violence. Cette mise en scène permet de voir comment on sort ou on entre dans la violence, mais aussi comment celle-ci est plurielle, multiple, protéiforme, ne renvoyant pas au mouvement ininterrompu, naturel et circulaire (qui « recommence toujours ») à laquelle le cinéma contemporain de la violence nous habitue. Cette polyphonie de la violence devant être prise en considération, il est injuste de juger le film en fonction de la seule séquence de la tuerie : l'épreuve de la violence accompagne ici une montée en puissance des armes et de la force qui apparaît comme l'unique réponse à la perte d'identité qui est à l'origine de la chute libre de Travis (Robert De Niro). La violence ascendante accompagne la chute libre de celui qui revient d'un premier « voyage au bout de l'enfer », pour prendre le titre d'un film de Cimino où l'on assiste au départ au et au retour du Vietnam[1].

Alors que les images du Vietnam sont absentes de *Taxi Driver*, on apprend vite que Travis est un ancien du Vietnam où il a combattu chez les Marines. Ayant échappé à la violence de la guerre, il entreprend un deuxième « voyage au bout de l'enfer ». Comment ne pas rechuter dans la violence au retour de la guerre ? Les premières images du film sont significatives : un énorme nuage de fumée envahit l'écran, laissant croire à une explosion, mais une voiture – le *yellow cab*, le taxi jaune – apparaît progressivement derrière l'écran de fumée qui se confond avec la vapeur s'échappant du sous-sol newyorkais. Alors que les films contemporains exhibent une violence « d'après la guerre », *Taxi Driver* évoque d'emblée une violence guerrière qui laisse des séquelles, au point de déclencher une guerre urbaine aux allures terroristes.

Comment sortir de la violence guerrière ? Cette question est le point de départ de *Taxi Driver*. Mais, plutôt que de voir dans ce film le glissement d'une violence à l'autre, une retombée dans la guerre, mieux vaut y observer l'échec de toutes les issues possibles à la violence. A la différence des films où la violence règne à l'état de nature, l'escalade de la violence succède ici à la chute de celui qui parle de moins en moins : parce qu'on ne répond pas à ses angoisses, parce qu'il ne sait plus où il en est « après la guerre ». Ayant écrit dans son journal les mots suivants : *anytime, anywhere* (« n'importe où, n'importe quand »), il les décline dans son taxi de nuit avec lequel il est prêt à se rendre « n'importe où ». Travis se trouve dans un observatoire roulant d'où il voit la guerre urbaine, les images de ville défi-

1. C'est également le cas de l'admirable *Cutter's Way* (1981) d'Ivan Passer.

lant comme sur un écran. La vitre de la voiture fait écran avec le monde extérieur : permettant de regarder au-dehors et de se protéger de l'adversité, de résister aux fantasmes d'un monde transparent qui se nourrit de l'indistinction entre l'extérieur et l'intérieur. Mais Travis va mal à l'intérieur de lui-même, de plus en plus mal, il se sent à l'étroit dans son habitacle. L'environnement apparaît d'autant plus infernal que personne n'est sensible à son trouble. Personne n'est là pour répondre.

Un autre vétéran du Vietnam, surnommé Wizard, « le sorcier », n'a rien d'autre à lui dire sinon qu'il faut « se faire à son boulot » et se contente d'une philosophie de pacotille. Ayant eu l'occasion d'observer Betsy, la secrétaire d'un homme politique en campagne (Ballantine), à travers la vitre de son bureau, il entreprend de la draguer, y parvient, l'invite à prendre un café, puis à voir un film « porno », ce qui met un terme à leur relation. Après ce double échec avec la profession (Wizard) et les femmes (Betsy), Travis « plonge », c'est la chute, l'effondrement identitaire. « Le drame du héros scorsesien est de se retrouver sans mot ; jusqu'à ce qu'épuisé par l'effort pour s'exprimer sans y parvenir, il en vienne à s'exprimer par le geste le plus cru[1]. »

Travis perd donc pied, ce qui rend pour lui le monde environnant plus mauvais et sale encore, une sorte d'égout, de décharge. Le film déroule le temps de la chute : les vitres et les glaces – où il se regarde en train de changer (il prend le look d'un Iroquois), c'est-à-dire de sombrer dans la violence – tendent à se fissurer, à casser en morceaux. La vitre protège de moins en moins de l'extérieur, il n'y a plus de reflets, d'effets de miroir, et le voilà happé par le désir de se venger, par des aspirations à la haine. Il ne reste plus qu'à en trouver l'occasion, la chute ayant donné lieu à l'escalade de la vengeance. Ému par une jeune prostituée, Iris (Jodie Foster), il entreprend de la sauver pour se venger contre tous les autres, contre tous ceux qui, ne l'ayant pas reconnu, l'ont condamné à se prostituer à sa manière, à ne pas pouvoir aimer, à ne pas avoir d'autre image de la femme que celle d'un film pornographique. On est au terme d'une escalade où l'esprit

1. Jean-Philippe Domecq, *Martin Scorsese. Un rêve italo-américain*, « Bibliothèque du Cinéma », Hatier, 1986, p. 64.

de sacrifice rencontre le désir de vengeance, et Travis tue trois personnes : Sport, le proxénète (Harvey Keitel) qui a pris Iris en otage, le client d'Iris, et un deuxième proxénète. Après avoir revêtu les oripeaux du guerrier, face à l'échec répété, Travis devient un tueur pour ne pas être la victime de sa propre chute libre. Il ne tue pas pour tuer, mais pour se sauver et en sauver d'autres – il n'en est pas moins un criminel, la préfiguration des *mass murders* et des *serial killers*. Mais c'est un *killer* qui ne sait plus où il en est, dont la méchanceté est malheureuse, et en cela il est proche du *Bad Lieutenant* (1992) d'Abel Ferrara. Dans une scène mémorable, reprise dans *La Haine* de Kassovitz (1995), on le voit en train de se regarder dans un miroir, découvrant sur la glace le reflet du visage d'un homme dont l'identité passe fatalement par les armes. Son identité, sa reconnaissance seront celles du criminel : il se regarde en train de tomber dans la violence, de devenir un tueur, car il n'est pas un *natural born killer*. L'expérience de la chute (du sujet) et de l'escalade (dans la violence) ne fait pas défaut : l'épreuve de la violence et le désir de reconnaissance sont les deux thèmes centraux du cinéma de Martin Scorsese. Pour que la violence demeure représentable comme une expérience, il faut qu'elle participe d'un trouble de la reconnaissance et du lien social : loin de raconter l'histoire d'une tuerie, le film tisse le récit d'un individu qui échoue à être reconnu et cherche des médiations : son échec est à l'origine d'une escalade de la violence.

Ici réside la différence avec les films contemporains de violence où la distinction de l'intérieur et de l'extérieur n'a plus de sens : on assiste dans *Taxi Driver* à l'effondrement des frontières de l'expérience, un effondrement qui précipite l'escalade de la violence. *Taxi Driver* se termine donc là où commence un *serial killer* contemporain. Travis est encore un sujet, un « sujet » en « proie » à la violence.

Les signes de la reconnaissance (« The King of Comedy »)

Encore faut-il constater que Travis devient un héros après le massacre : le tueur devient une vedette, et sa photo est publiée dans les journaux. La reconnaissance qu'on lui propose finalement repose sur un mensonge puisqu'il a tué aveuglément et qu'il n'est pas un héros.

Seul le *serial killer* croit qu'il est vraiment un héros et qu'il se sacrifie pour sauver le monde de la violence.

Le film ne s'arrête donc pas sur la scène de tuerie, Travis va être reconnu comme un héros parce qu'il a tué des proxénètes. On ne célèbre pas en lui un criminel qui a voulu se venger contre le mépris d'une femme, contre l'incompréhension dont il fait l'objet, on applaudit le héros qui a fait la guerre du Vietnam, le vétéran qui continue à défendre les valeurs de la civilisation. Sa violence est d'autant plus saluée qu'elle est comprise comme celle d'un ancien du Vietnam. Il est doublement reconnu : comme un héros de la guerre, comme une vedette dont on voit la photo dans la presse. Cette double reconnaissance traduit la capacité de la société américaine à recycler la violence : violence de la guerre, violence urbaine, violence médiatique. Mais ici le recyclage permet de retraiter une mauvaise violence, un crime, en une violence utile. Travis devient un héros, alors qu'il est un criminel, parce que le massacre dont il est l'auteur est doublement interprété en fonction d'une violence passée (celle du héros du Vietnam) et de la violence des images (le mensonge de l'héroïsation médiatique).

Dans *The King of Comedy* (1983), Scorsese pousse jusqu'à son terme cette logique du recyclage de la violence par l'héroïsation (ou la vedettisation). Si la reconnaissance du héros de la guerre favorisait dans le cas de Travis sa vedettisation médiatique, ce n'est plus le cas ici : le personnage de De Niro – un bavard impénitent alors que Travis parlait peu – ne peut jouir d'une reconnaissance « publique » qu'en devenant lui aussi un « Roi de comédie », en mimant son idole[1]. C'est-à-dire en s'appropriant la place d'un autre dans lequel il se projette car la vedette se confond avec son image. Dans cette optique, il va prendre en otage Jerry Langford – interprété par Jerry Lewis – et le remplacer au pied levé dans l'émission de télévision que ce dernier anime rituellement. Mais son succès réside paradoxalement dans sa capacité à ne pas l'imiter, à raconter sa vie et à se montrer pour ce qu'il est, un médiocre incapable d'être un bon imitateur. La question : « Comment suis-je devenu un héros ? » se transforme alors en :

1. En 1996, Robert De Niro a tourné *The Fan*, un film proche de *The King*… puisqu'il y poursuit son idole qui est ici un champion de basket.

« Comment un minable est-il parvenu à parler à d'autres qui se reconnaissent en lui ? » Si les téléspectateurs saluent celui qui a voulu devenir une vedette, c'est parce qu'il a fallu un détour violent – la prise d'otage – pour déclamer son identité. Ici, la reconnaissance, dont la logique est poussée à bout, n'est plus mensongère, même si elle n'a pu faire l'économie de la médiation de la télévision. Pour être reconnu, il faut se montrer aux autres « comme on est », et non pas en imitant des héros ou des vedettes fatiguées. L'imitateur n'est pas cru : quand Jerry Langford téléphone à son producteur pour lui annoncer qu'il a été pris en otage, on ne le croit pas ; et on ne croit pas plus Rupert quand il raconte qu'il a pris Jerry en otage. L'arroseur arrosé : telle est la loi de l'imitation et du dédoublement.

Dans *Taxi Driver*, la tuerie violente transforme Travis en vedette, dans *The King of Comedy*, la prise en otage télévisuelle se solde par la reconnaissance d'un médiocre. Dans le cas de Rupert Pupkin – que l'on parvient d'abord mal à identifier, son nom est écorché jusqu'à devenir Popcorn dans la bouche de l'agent de sécurité qui l'expulse de l'immeuble où se trouve l'agence de Jerry Langford –, la reconnaissance médiatique est la conclusion d'une lutte pour la reconnaissance. Mais, là encore, il a fallu recourir à un double stratagème : à la violence d'une prise d'otage et à une médiatisation par les images pour dire qui on est, pour affirmer son identité. Pour Rupert, il faut faire tomber tous les écrans et se retrouver en direct, sur le seul écran qui ne fasse pas écran : la télévision. Alors que Travis voit le monde à travers la vitre de sa voiture qui « fait écran », Rupert passe à travers toutes les vitres : en témoignent les nombreuses fois où il passe à travers les portes transparentes des immeubles où se trouvent l'appartement de Jerry ou son agence.

Comment se faire reconnaître ? Une même interrogation traverse donc ces deux films dont les personnages principaux sont respectivement un « nettoyeur » et un preneur d'otages. Dans les deux cas, ces « héros » peu recommandables cherchent à rétablir l'espace de la confrontation. Dans ces deux films de Scorsese, et c'est en cela qu'ils se distinguent des films du cercle de la violence, la violence n'est pas séparable d'une lutte pour la reconnaissance. Le *serial killer* croit qu'il se sacrifie pour le reste de l'humanité, mais il n'a aucune demande de reconnaissance, et même ses passages à la télévision sont pour lui l'occasion de redoubler la violence des actes par celle des images, de continuer à se montrer comme un agresseur.

Mais la lutte pour la reconnaissance débouche sur une fausse victoire : elle ne met pas un terme à la violence. Bien au contraire, on assiste, à la fin de chacun de ces deux films, à un retour à la case départ. Rupert veut imiter l'imitateur : désirant le « doubler », il redevient lui-même car il échoue dans une imitation qui le conduit à raconter son échec personnel. La réussite vient ici de l'expression de l'échec, celui de sa situation d'origine. A l'inverse, Travis, qui se refuse à doubler et à imiter les autres, décharge sa violence contre les autres. Ce qui le sauve, puisque cette violence lui permet d'être reconnu comme un guerrier vainqueur, comme un héros de la guerre. Le paradoxe réside ici dans un retour à la situation de guerrier dont il essayait de sortir.

Dans un cas comme dans l'autre intervient un recyclage de la violence. La fuite en avant est alors à l'origine d'un retour en arrière : recyclée, la violence de l'un et de l'autre n'est pas pour autant traitée. Travis comme Rupert sont ramenés à la situation d'échec initiale. Ils ont beau profiter de la situation – Travis regardant de sa voiture Betsy, comme s'il était devenu quelqu'un d'autre –, ils savent que le recours à la violence n'a servi à rien. Tombés dans la violence « pour rien », ils simulent un succès éphémère, celui que leur donnent les médias. Si la différence avec les tueurs-nés est manifeste – Travis et Rupert sont des sujets qui ont éprouvé l'expérience de la violence et de l'échec –, le paradoxe final n'en est que plus redoutable : pour être reconnu comme soi, il faut faire acte de violence puis s'exhiber sur le petit écran. Il n'y a pas de meilleur instrument de réussite que les médias : exerçant une certaine violence, ils la captent du même mouvement. Scorsese a bouclé la boucle de la reconnaissance sans sacrifier au cercle de la violence : celle-ci n'est jamais séparable d'un trouble de la reconnaissance qui n'affecte pas le *serial killer*. Il ne viendrait pas à l'esprit de ce dernier de raconter sa vie à la télé pour se plaindre d'être un mal-né : le *serial killer* se montre pour dire qu'il est un tueur, qu'il est le plus fort et que personne n'en réchappera.

Scorsese met en scène une violence qui, construite, n'est pas naturelle, mais surtout il montre que la société américaine a une très grande capacité de recyclage de la violence et que les images (télévision et cinéma) y contribuent. Quand la violence est recyclable, la société peut y survivre, ne pas trop céder sous son poids accumulé, à condition que des héros ou des vedettes remplacent les tueurs et les guerriers. Le héros est ici un tueur déguisé.

A la différence du cinéma contemporain de la violence, on n'est pas – avec ces films de Scorsese – installé dans la violence. Mais on n'en sort qu'en exhibant les images illusoires et éphémères de la réussite. Les dernières images de *The King of Comedy* ne sont pas rassurantes : Rupert est seul en scène, quelque peu décontenancé et dépité. Comme s'il ne savait plus quoi dire, comme s'il recommençait à perdre pied. Tournant quelques années après *After Hours* (1986), d'après un scénario de Griffin Grune, Martin Scorsese évoquera une expérience de la violence subie par un personnage qui n'y comprend rien.

2. Comment traiter la violence ?

« Orange mécanique » et « Full Metal Jacket »

Parmi les premières réalisations de Stanley Kubrick, on se souvient peut-être de son court-métrage intitulé *The Day of the Fight* (1951) qui racontait la journée d'un boxeur précédant le combat : le personnage du boxeur est ici mis au premier plan, et non pas le ring où va se dérouler la compétition. Devaient suivre un second court-métrage (*Flying Padre*, 1951), un film de guerre (*Fear and Desire*, 1953) et deux films noirs de qualité – *Killer's Kiss* (*Le Baiser du tueur*, 1955) et *The Killing* (*L'Ultime Razzia*, 1956), avant *Paths of Glory* (*Les Sentiers de la gloire*, 1958). Sans même savoir que le dernier film de Kubrick (*Full Metal Jacket*, 1987) revient sur la guerre du Vietnam après Michael Cimino, Brian de Palma, Oliver Stone, il apparaît d'emblée que Kubrick ne cesse de tourner autour des thèmes de la guerre et de la violence. Mais ce cinéaste qui montre la violence avec des images, et s'aventure en virtuose dans des genres cinématographiques très différents – le péplum avec *Spartacus* (1960), le film de science-fiction (*2001 Odyssée de l'espace*, 1968), ou le film d'horreur (*The Shining*, 1980) – s'intéresse moins au contenu des scénarios (c'est toujours l'intérêt pour le genre qui l'emporte) qu'au traitement possible de la violence. A la question du recyclage de la violence (celle de Scorsese) se superpose ici celle du traitement de la violence.

C'est dans *Orange mécanique* (*A Clockword Orange*, 1971) qu'éclate l'obsession de Stanley Kubrick pour la violence. Alors qu'on a retenu le plus souvent les scènes de violence gratuite de la première partie (de l'assassinat du clochard par Alex DeLarge et sa bande – Dim, Petes et Georgie – au tabassage de l'écrivain Mr. Alexander et au viol de sa femme) le film de Kubrick – inspiré librement d'un roman d'Anthony Burgess – jette d'abord un regard extrêmement sévère sur la volonté des médecins et des policiers de traiter la violence en prétendant l'éradiquer, comme c'est le but du traitement de Ludovico. Le message est clair : on ne se débarrasse pas de la violence, on ne peut dégoûter une fois pour toutes un individu de la violence qu'il exerce. Par cela, il faut entendre que les individus ne sont pas des tueurs biologiques dont on pourrait stopper le virus ou la tare d'origine, mais aussi que la volonté d'en finir avec la violence – celle de l'ordre moral et répressif – n'est qu'une manière de la redoubler, de l'intensifier. La lutte contre la violence est elle-même une violence qui ne permet aucunement d'en finir avec la violence : ce cercle vicieux est bien connu. Et Kubrick le rend d'autant plus sensible qu'il recourt de manière inattendue à l'exemple esthétique, ne préservant pas la grande culture, ne la glorifiant pas comme sublimation de l'agressivité ou instrument de la catharsis : en effet, Alex est excité par la musique de Beethoven – comme la musique de Wagner qui accompagne la guerre et un ballet d'hélicoptères dans *Apocalypse Now* de Coppola – et l'ordre psychiatrique essaie de l'en dégoûter pour mieux le délivrer de ses transports de violence. Là encore le message est clair : il n'y a pas de bon recyclage – même par l'art – de la violence.

Le cinéaste a néanmoins le mérite, au début des années 70, de mettre en scène une violence inédite : une violence de bande, gratuite, où drogue et sexualité jouaient un rôle décisif ; et de montrer que la réaction à cette violence pouvait être catastrophique si elle s'en remettait à la science pour imaginer une fin de la violence. Renvoyant dos à dos le déferlement de la violence gratuite et l'utopie scientiste, Kubrick proposait une lecture très politique. La fin du film ne permet pas d'en douter : l'échec du traitement d'Alex attire l'attention sur son cas et donne lieu à une manipulation politique. Non, la violence n'a pas disparu au terme du conflit opposant la violence du criminel fou et celle du médecin éradicateur ; bien au contraire, la violence d'Alex est récupérée politiquement. L'interprétation en termes de recyclage s'impose donc de prime abord – la médecine tente de recycler la violence naturelle d'Alex avant qu'un homme politique ne s'en empare pour renforcer sa volonté de domination. Mais, à la différence de Martin Scorsese, le recyclage est ici celui de la politique et non pas celui des médias.

Qu'on ne parvienne pas à contrôler la violence totalement et que celle-ci renaisse toujours de ses cendres ; qu'il y ait un recyclage infini de la violence, *Full Metal Jacket* en apporte, plus de quinze ans après, une preuve supplémentaire. Redoublant le projet médical d'un contrôle de la violence, l'apprentissage militaire mis en scène durant la première partie du film sur le camp d'entraînement est pourtant voué à l'échec : cette violence hypercontrôlée, parfaite, sans bavures apparaît en effet impraticable et inutile sur le terrain. Et pour cause : le contrôle des corps et des esprits a pour ambition de mieux exercer la violence contre les autres, de se faire violence pour être meilleur dans l'attaque, comme si un contrôle de soi excessif ne risquait pas de se retourner contre le corps et l'esprit. Entre l'entraînement militaire et la guerre sur le terrain, on a affaire à deux mondes totalement étrangers l'un à l'autre, à deux formes de traitement de la violence qui n'ont rien à voir l'une avec l'autre. Le recyclage de la violence apparaît alors impossible. Serge Daney avait souligné cette dissonance : la rupture qui intervient au milieu (on est projeté à Da Nang et à Hué) provoque un changement de rythme entre les deux parties du film. Ce qui ridiculise rétrospectivement la violence apprise à l'entraînement : il s'agit moins ici d'une critique de l'armée et de ses mœurs que d'une dénonciation de toutes les formes de traitement, de contrôle de la violence. La violence ne se contrôle pas, du moins jamais en totalité et jamais sans conséquences : en cela réside l'énigme qu'elle pose. Les hommes conservent leur part d'animalité et de bêtise.

Mais l'opposition entre les deux parties du film, le clivage entre les deux types de violence mises en scène successivement, ne suffisent pas pour comprendre la métamorphose de la violence. Les deux personnages – Pyle et Cowboy – autour desquels tourne chacune des parties le montrent fort bien.

Obèse, flasque, incapable de suivre le rythme de l'entraînement, Pyle est la bête noire du sergent chargé de l'instruction : objet d'avanies et de mépris, l'une de ces victimes que broie rituellement la machine militaire, Pyle parvient cependant, non sans souffrances et avec le soutien de Cowboy, à devenir un soldat d'élite, en tout cas un excellent tireur. Avec l'aptitude inattendue de Pyle de passer de l'incompétence à la compétence, c'est-à-dire de maîtriser les ressorts de la violence, on a le sentiment d'assister à la victoire de la violence contrôlée et enseignée : il y aurait une bonne violence, celle du guerrier éduqué à l'art de la guerre et à l'autocontrôle de son corps. Mais, sans même rappeler la violence psychique exercée par le sergent et la sauvagerie dont il fait preuve – il ne parle pas, il hurle – pour que tous les corps de la compagnie fassent un seul et même corps, le suicide de Pyle est la preuve indiscutable que l'éducation par les armes ne peut que se solder par un échec. Et qu'à force de durcir les corps, on condamne les hommes à devenir insensibles ou bien à péter les plombs.

Après avoir rassuré Pyle et l'avoir soutenu durant son calvaire, Cowboy se retrouve avec les autres sur le terrain. Un terrain qui n'est pas un champ de bataille – où est l'ennemi qui lui-même semble avoir déserté cette guerre ? – mais un lieu mouvant où des ombres remplacent des ennemis visibles, un théâtre étrange qui ressemble plus à un labyrinthe qu'à un terrain d'exercice. La désorientation est complète, Cowboy en est l'expression la plus remarquable : loin d'être un looser, un perdant condamné à devenir quelqu'un d'autre que lui-même ou un fauteur de guerre qui ne se pose pas de questions, Cowboy, qui apparaissait différent des autres durant la période de formation (il lit des livres, il n'hésite pas à critiquer ses supérieurs, il n'aime pas la discipline, il a une « personnalité »), manifeste sur le terrain une nature dédoublée. Il n'est pas pacifiste ou homme de guerre mais les deux à la fois, ce dont témoigne son casque où l'on trouve juxtaposés l'insigne de la paix et l'inscription *Born to kill*. *Born to kill*, manière de dire qu'il n'est pas encore un *natural born killer*, qu'il n'est pas de nature violente et que sa nature est double, qu'il est un homme de bien et de mal. D'où une ambiguïté – qui est déjà celle d'*Orange mécanique* où l'idée de contrôler la violence répond à son déferlement aveugle – qui traverse ce film où temps de paix et temps de guerre ne se distinguent pas vraiment. D'où le fameux lapsus d'un officier qui dit à Cowboy : « *It's a hardball world, son. We've gotta keep our heads until this peace craze blows over* (Nous devons avoir la tête sur les épaules jusqu'à ce que passe cette folie de paix)[1]. » Cette équivoque qui accompagne une invocation de la « dualité intérieure » aboutit à la scène finale au cours de laquelle Cowboy achève le soldat vietcong (une jeune fille) qui avait réussi seul à inquiéter tout le groupe de soldats américains. L'ambiguïté s'exprime ici par une indécision : pourquoi achève-t-il la jeune vietcong ? Par compassion ? Pour lui épargner des souffrances inutiles, ou pour tirer une balle supplémentaire dans le corps d'un ennemi qui les a « piégés » ? On ne sait comment interpréter cette scène finale.

Dans le cas de Pyle comme dans celui de Cowboy, la violence n'en finit pas de se métamorphoser, de prendre des formes successives, et elle n'épargne personne : celui qui croyait y être étranger y a recours comme les autres, celui qui faisait preuve d'une incompétence crasse réussit à se surpasser, à se faire violence et à devenir un guerrier. Telle est la leçon : on n'en finit pas de retrouver la violence contre soi et les autres, si tapie ou rejetée soit-elle, il y a un traitement impossible de la violence qui donne moins lieu à un recyclage permanent qu'à une succession d'« accès de violence ». La leçon de Kubrick rejoint alors celle d'un Scorsese : si la violence est bien une épreuve, une expérience, son usage est inséparable de conduites d'échec, et il est illusoire de vouloir l'éradiquer, de la traiter médicalement, voire militairement, de la contenir en soi pour la déverser sur les autres.

La leçon de Kubrick : l'art du regard

Mais le cinéma de Kubrick n'en reste pas à ce constat du traitement impossible. Il ne se contente pas d'ausculter l'expérience de la violence. Pressentant que celle-ci peut devenir de plus en plus gratuite, pathologique, que les *born to kill* sont en passe de devenir des *natural born killers*, il se demande comment renverser le cours de cette expérience. Renverser le cours de la violence : ce n'est pas chercher à l'interrompre, croire qu'on peut mettre un terme à l'escalade,

1. Cité par Sandra Bernardi, *Le Regard esthétique ou la Visibilité selon Kubrick*, Presses universitaires de Vincennes, 1994, p. 36.

mais la retourner sur elle-même. Mais que désigne ce renversement de la violence ? Alors que les films scandent les séquences d'un récit, de ce qu'il faut bien appeler à chaque fois une histoire, Kubrick ne cesse de renvoyer au sujet : l'expérience de la violence n'est pas neutre, elle est le fait d'individus ou d'institutions. Dans cette perspective, le renversement de la violence épouse au moins trois formes.

Débordement par analogie

Comment admettre que la violence n'est pas une tare biologique, que les hommes ne sont pas des méchants animaux, et qu'en même temps la violence ne peut être interrompue, traitée, sans qu'interviennent des dégâts supplémentaires ? Dans *Les Sentiers de la gloire* (1958), qui se passe durant la Première Guerre mondiale, Kubrick présente à plusieurs reprises, dans la grande salle d'un château, les trois officiers qui sont les protagonistes de l'action et ont à affronter un dilemme (faut-il ou non sacrifier des mutins ?), sous un tableau de Watteau présentant trois acteurs affublés de leurs masques respectifs. « Dès *Les Sentiers de la gloire*, nous trouvons deux dimensions théâtrales et une guerre entendue comme théâtre qui s'oppose à un théâtre entendu comme vérité intérieure. Deux lieux s'opposent dans la mise en scène : un grand château du XVIIIe siècle, où des généraux jouent avec des vies humaines, et la tranchée où les soldats meurent en combattant un ennemi invisible et impossible à atteindre [...]. Dans une salle luxueusement meublée, les deux généraux échangent des propos remplis de figures rhétoriques [...]. Pendant ce temps, la caméra, suivant les personnages, laisse entrevoir certains tableaux dans le fond. En particulier un célèbre Watteau : *L'Amour au théâtre italien*[1]. » On saisit après coup que les trois personnages du tableau (Pierrot, Arlequin, Pantalon) correspondent aux trois officiers qui s'appellent respectivement Miereau, Broulard et Dax. La leçon est manifeste : les acteurs de la violence jouent des rôles différents, ce sont autant de personnages se déplaçant sur la grande scène de la violence (le bâtiment où se déroule l'action guerrière de *Full Metal Jacket* se présente comme un grand théâtre kafkaïen). « Pendant que nous regardons les

34. Sandra Bernardi, *op. cit.*, p. 40.

personnages, continue Sandra Bernardi, les masques de Watteau nous regardent, en nous restituant notre regard de spectateur. Alors que les personnages s'essoufflent et s'étudient, se défient et s'attaquent, les masques restent immobiles et connaissent déjà la fin de l'histoire, l'énième version d'un vieux canevas de la Commedia dell'arte. » La violence est un artifice, un tableau, il y a un art de la violence comme il y a une esthétique de la peinture : dans *Barry Lyndon* (1975), plus que dans tout autre de ses films, Kubrick met en relation la guerre et la violence avec des tableaux, avec des scènes picturales. Les personnages apparaissent figés, finis, identifiés à une pose.

Le constat d'une violence artificielle n'est pas une invitation à constater qu'un homme bon ou un homme mauvais se cache derrière les images et les tableaux de la guerre, auquel cas on n'aurait droit qu'au double scénario de l'homme mauvais (le *natural born killer*) ou de l'homme bon (celui dont on éradique la violence, pour ne pas parler encore du cas de *Forrest Gump*). Non, Kubrick ne croit pas que l'homme soit totalement mauvais ou bon, il pense que l'homme joue le rôle du diable et du bon dieu sans toujours le savoir. A ce stade, il a au moins le mérite de renvoyer chacun à son propre usage de la violence, et de montrer que les violences se renvoient l'une à l'autre, qu'une forme de violence est toujours à l'image d'une autre et que l'analogie et le mimétisme règnent. Manière de dire que la violence est incontrôlable et qu'on ne peut en interrompre le flux aisément. Dans *Full Metal Jacket*, il est perceptible que la violence de la société américaine n'est pas séparable de la violence qui se déverse au Vietnam. Après coup, on comprend que la violence qui affecte la société américaine emmagasine la violence issue de la guerre du Vietnam, ce « voyage au bout de l'enfer » (Michael Cimino). Plus encore, sur le terrain, la violence des Vietnamiens est chez Kubrick inséparable de celle des Américains…

On pourrait continuer indéfiniment : la violence se diffuse, elle n'en finit pas de se déverser, et elle se retrouve chez les uns et les autres. Telle est la première forme de retournement de l'expérience de la violence : elle n'est jamais qu'une expérience parmi d'autres, une expérience sans originalité qui est la proie du mimétisme. La violence perd tout son sens quand on comprend qu'elle a toujours déjà eu lieu, qu'elle n'est jamais qu'une reprise.

Débordement par l'infini

Une deuxième figuration de l'expérience de la violence esquisse un premier débordement de son cours infini. Trois scènes souvent évoquées renvoient le caractère démesuré de la violence à l'expression d'un infini qui la « déborde ». Dans les séquences d'ouverture de *Docteur Folamour* (1963, *Dr. Strangelove or How I Learned Stop Worrying and Love the Bomb*), on voit un bombardier qui se rapproche de sa destination : en même temps que le mouvement du bombardier qui précipite la destruction programmée par son autodestruction, les images présentent la ligne de fuite des nuages et du ciel. Sandra Bernardi a remarquablement vu la « coexistence de deux styles de représentation » dans *Docteur Folamour* : « Alternent en fait une comédie classique [...] et une série parallèle de vues aériennes se rapprochant sans cesse du sol [...]. L'avion passe au-dessus du monde sans le voir, entraîné dans une course destructrice. Nous apparaissent pourtant des paysages primitifs et sauvages, qui anticipent sur la fin de *2001 Odyssée de l'espace* : collincs, plaines, vallées, fjords, lacs, montagnes couvertes de neige, promontoires sur la mer, bateaux, îles, fleuves, bois, toundras, marais, constructions humaines non identifiables, tout défile en dessous de nous à une vitesse vertigineuse jusqu'à la vision finale – la seule identifiable : celle de la base soviétique à détruire. Dans ce regarder sans fin, le paysage est en effet soustrait à notre vue au moment où il est montré ; il s'évanouit dans le hors-champ sans laisser aucune trace de lui-même. [Cette scène] revient dans *Full Metal Jacket* où les deux reporters, Joker et Rafter Man, conduits sur le terrain en hélicoptère, survolent un paysage anonyme de forêts, marais, toundras, fleuves et collines pendant qu'un soldat fou tire sur tout ce qui bouge[1]. »

Coexistent donc des séquences de violence qui captent le regard du spectateur et ces défilés d'images où Kubrick opère un renversement du regard, par débordement, en invitant l'œil à regarder ce qu'il ne voit plus, à force d'être pris par le récit de ces hommes dont l'agitation démesurée conduit inéluctablement le monde à sa fin. Ce qu'il

1. Sandra Bernardi, *op. cit.*, p. 144.

ne voit plus : les éléments du paysage, l'aspect sublime de la nature, ou bien la planète qui tourne sur elle-même, comme à la fin de *2001*. Dans tous les cas, le débordement de la violence accompagne une action du regard, une épreuve de la vision. Faut-il s'étonner que Kubrick fasse du retournement de la vision le ressort de son cinéma ? S'opposent donc, plus qu'ils ne coexistent, deux types de débordement : celui de la violence qui précipite la fin du monde, et celui du paysage infini sans lequel il n'y a plus de « monde ». Au cinéaste incombe la tâche de montrer ce mouvement pur qui ne succombe pas aux aléas de la violence et provoque le regard.

L'expérience du regard et le sujet de la vision

Coexisteront toujours ces deux formes de débordement, semble dire Kubrick, si la violence ne tue pas le monde. La véritable révolution n'est-elle pas alors de renverser le regard pour déborder l'expérience de la violence ? La violence n'est pas seulement un donné, ou ce que nous produisons, elle réside aussi dans le regard que nous portons sur le monde. Celui qui ne voit rien d'autre que le mouvement de la violence est nécessairement pris dans ses filets, même s'il pense se tenir à distance. Il faut donc voir autre chose que les métamorphoses successives de la violence (recyclage et retraitement), voir la course des images à l'infini, mais aussi voir que les choses visibles sur l'écran renvoient à une expérience de la vision de plus en plus déroutante. La violence est débordante – d'où son recyclage permanent –, mais il n'est d'autre issue (ce qui n'est pas une alternative) que de la déborder. En regardant le mouvement du sublime qui déborde le mouvement de la violence d'une part, et en regardant son propre regard à travers les images qui défilent. « Le cinéma recherche aussi un spectateur fort, capable de courir le risque inhérent à toute expérience visuelle anormale, capable d'user et d'abuser du film lui-même, de se déplacer dans un univers pluri-centrique[1]. »

L'exercice du regard est le moteur principal du cinéma de Kubrick qui rappelle à tout spectateur qu'il est le metteur en scène de sa propre vision comme il l'est, lui Stanley Kubrick, de ses films.

1. Sandra Bernardi, *op. cit.*, p. 159.

Comment regarder ? Comment exercer un regard sur la violence qui n'enferme pas dans le cercle de la violence ? Kubrick a pressenti, mieux que d'autres, le passage d'une économie de la violence à l'autre, et le rôle que les images (cinéma, télévision, vidéo...) devaient y jouer. C'est pourquoi son cinéma, aux allures si narratives en apparence, est une entreprise destinée à renverser le regard (à recentrer le visible sur l'expérience d'une vision « anormale ») et à déstabiliser la violence. On ne stoppe pas la violence, on la fragilise, on l'apaise : il faut défaire la violence sans croire qu'on peut l'éradiquer. La violence n'est pas naturelle, elle est construite, et il faut constamment en faire autre chose, la transposer (d'où le scénario du recyclage). Mais commençons par la regarder autrement pour la défaire corporellement, pour la ramener à l'expérience d'un sujet. La leçon est double : si le visible n'est pas séparable de l'expérience (celle de la vision) du sujet qui regarde, la violence est elle-même indissociable d'un sujet qui l'éprouve, en fait l'expérience. Le cinéma de Kubrick instruit le procès d'un cinéma qui présente la violence à l'état de nature, comme si elle était naturelle, jamais construite, jamais arbitraire. Et pourtant, rien de plus étranger aux *serial killers* contemporains que l'esprit qui anime *Orange mécanique*. Tant que la représentation de la violence renvoie à l'expérience du regard, à un spectateur, le cinéma demeure une arme contre la violence, contre cette violence que l'on ne peut éradiquer.

Une désensibilisation croissante à la violence ?

> « Thomas aimait toutes sortes de films. Il aimait l'illusion mensongère de l'écran : que tout le monde pût tenir entre les quatre côtés d'un rectangle, et que le spectateur pût en profiter impunément dans son fauteuil, sans contacts » (Jonathan Coe, *Testament à l'anglaise*).

Désensibilisation ?

Faut-il admettre, après cette traversée au long cours d'un certain nombre de films et d'images qualifiés de violents, que nous sommes passés, sans trop nous en apercevoir, d'un cinéma à l'autre ? L'erreur serait d'en rester à une approche strictement chronologique et de décréter qu'à une mise en scène classique de l'expérience de la violence s'est substitué un cinéma où la violence n'est plus une épreuve mais un état de nature. Alors qu'un film comme *The Indian Runner* (1990), de Sean Penn, témoigne d'une volonté inattendue de prendre à bras le corps l'expérience de la violence, de ne pas se contenter de l'exhiber ou de la tourner en dérision, *C'est arrivé près de chez vous* (1992) traduit pour sa part le souci de disséquer le nouvel état de nature. Si le cinéma résiste donc, certes modérément, à une violence « installée », « naturalisée », un tournant n'en a pas moins été pris : celui-ci invite à interpréter le nouvel état de nature de la violence sans reprendre spontanément l'éternelle controverse sur les « seuils » (jusqu'où aller ?). On saisit mieux aujourd'hui, dès lors que règne ce « nouvel état de nature », que le débat ne peut porter uniquement sur les seuils de la violence tolérable (ou non) par les individus quand la violence apparaît comme indépassable, naturelle, et que la montée en puissance des images violentes ne se confond plus avec l'escalade de la violence puisque celle-ci, tapie ou non, est toujours « déjà là ».

Mais une question demeure : comment comprendre le déferlement progressif de la violence qui est à l'origine de l'hypothèse d'une nouvelle économie de la violence ? Suffit-il d'y opposer des entreprises esthétiques qui cherchent à trouver des issues sans laisser croire qu'on peut s'en sortir ? Peut-être pas. Il apparaît à un certain nombre d'analystes que les controverses sur la violence des images devraient moins porter sur l'influence néfaste que celle-ci peut exercer. On rappelle toujours les mêmes exemples : celui de J. Tuckley, un criminel qui avait vu une dizaine de fois *Taxi Driver*, ou celui d'Aubry Maupin et de son amie, qui avaient collé chez eux une affiche de *Tueurs-nés* d'Oliver Stone. S'il ne faut pas mettre au second plan le débat sur l'agressivité que peut déclencher l'image – surtout dans le cas des enfants et des adolescents –, il faut également être sensible à l'idée que le déferlement de la violence dans des images peut accompagner une désensibilisation croissante à la violence. Ce qui n'est pas sans gravité.

La thèse est brutale, dérangeante[1] : elle signifie qu'on dévore avec ses yeux et ses oreilles une violence extrême et sauvage pour mieux s'en débarrasser au sens où on veut s'y soustraire corporellement. Plus

1. Sur ce point, voir le dossier « Médias et violence », in *Les Cahiers de la sécurité intérieure* (IHESI), *op. cit.*

on regarde, plus on y demeure insensible, plus on s'en protège. Il y aurait là une solution, la meilleure manière de s'en débarrasser. Pourquoi s'en plaindre ? Il n'y aurait plus alors qu'à libérer la violence sur les écrans au maximum, laisser les enfants jouer avec cassettes et vidéos qui montrent l'horreur à vif. Au fond, les images les plus terribles auraient une bonne vertu cathartique. Mais cette interprétation est un peu courte : si la violence projetée est de plus en plus folle, infinie, débridée, c'est parce qu'on supporte de moins en moins celle qui nous entoure. D'où cette volonté de l'enfermer sur l'écran : on cherche à arraisonner la violence pour mieux s'en débarrasser. Une illusion règne toujours : celle consistant à croire qu'on peut s'en libérer. L'utopie de la violence projetée au-dehors est l'envers de l'utopie du retour au village. C'est logique : dans un cas comme dans l'autre, on revient à l'état de nature… à un bon état de nature ou à un mauvais état de nature. C'est avec cette naturalisation de la violence qu'il faut rompre : ce qui revient à dire que la violence projetée de manière accablante, cette violence qui insensibilise, préserve avant tout de l'expérience de la violence. Dès lors, le débat sur les images de la violence renvoie à celui qui porte sur l'expérience de la violence dont nous sommes capables, de notre capacité à intervenir dans les conflits et dans les rixes, et à ne pas nous soustraire aux confrontations. Pour se préserver de la violence, on s'en débarrasse sur les écrans… Que se passe-t-il alors ? D'une part la violence devient d'autant plus folle, illimitée, imprécise, indistincte, animale, sauvage, et d'autre part nous ne voulons plus rien en savoir. Il en va du destin de nos sociétés démocratiques où des individus, qui ne veulent plus « mourir pour la patrie » et exercer la violence sur d'autres, se protègent dans leur « atelier audiovisuel », pour reprendre l'expression de Paul Virilio, avec drogues et psychotropes, de leurs peurs. On croit se protéger, on vit avec une violence cachée, enfouie, et de temps à autre on libère des sas en se vautrant devant des écrans qui libèrent de toute violence.

Dès lors le débat sur la violence des images est peut-être mieux circonscrit, et il devient possible de l'aborder différemment : la violence des images sur les écrans est-elle susceptible de renvoyer à une expérience, à l'épreuve de la violence telle que nous la ressentons, et non pas à une nouvelle manière de s'en débarrasser utopiquement ? Entre une violence débridée qui contribue à l'insensibilisation et des images qui renvoient à l'expérience de la violence, la différence est manifeste. Les images ont-elles renoncé à montrer l'expérience, le visuel a-t-il tué l'image en lui interdisant de montrer « autre chose » ? En tout cas, ce déferlement de violence parle de notre non-rapport à la violence, de nos peurs. Un écran nous sépare de la violence parce que nous ne savons plus trop comment nous y prendre avec elle. Quand elle n'est plus ressentie comme une expérience, les écrans « font écran » à une violence diffuse qui contredit l'hypothèse d'une pacification des corps et des esprits. On est loin de la polémique qui limite la question de l'expérience de la violence aux individus qui imitent ce qu'ils voient, à l'influence néfaste des images de la violence. La violence qui se cache derrière l'écran, celle qui ne renvoie plus à une représentation de l'expérience violente, en dit long sur nos craintes et nos désirs de les rejeter sur l'écran.

Il y a là un cercle vicieux qui redouble le premier cercle de la violence : plus la violence est forte, plus elle est naturelle, et non construite, et plus elle donne lieu à un spectacle que l'individu regarde avec indifférence. La violence la plus dure est paradoxalement la plus indolore : elle laisse le spectateur insensible. Alors que la violence est devenue folle sur les écrans, le spectateur croit à tort qu'il est parvenu à l'éradiquer pour lui-même.

Comment comprendre ce dispositif étrange ? Plus la violence apparaît crûment violente (et les images le prouvent) et plus l'individu s'en protège en la tenant à distance de lui-même, en se désensibilisant, c'est-à-dire en rejetant l'expérience de la violence, et d'abord la sienne. La leçon de Kubrick n'a pas été entendue : loin de renvoyer les individus à scruter leur propre regard, loin de ramener le visible, le contenu des images à l'expérience même de la violence (et donc à la relation entretenue avec la violence des images), le cinéma de la violence naturelle qui exhibe des violents « nés » renvoie le spectateur à l'illusion qu'il n'est pas lui-même un sujet possible de la violence. Alors qu'il nous est apparu que la violence tourbillonnante des écrans qui s'impose depuis quelques années signifiait une mise à distance impossible, on peut au contraire se demander si le spectateur ne repousse pas dans cette nouvelle configuration une violence qui correspond à l'état de nature qui l'environne. Mais il faut alors en tirer toutes les conséquences : la violence, une fois devenue au sens strict un spectacle, laisse entendre qu'elle concerne exceptionnellement des fous, des tueurs-nés, et que nous n'en sommes que les voyeurs insensibles. Pourtant, cette insensibilisation à la violence s'accompagne du constat d'une violence extérieure de plus en plus insupportable et d'une introjection de la violence qui se cache sous le masque insensible du spectateur. Je regarde d'autant plus cette violence tourbillonnante qu'elle n'est finalement pas si exceptionnelle (puisque naturelle) et que rien ne peut l'arrêter. Il me faut donc d'autant plus m'en protéger. Cette interprétation ne revient pas à légitimer le deuxième cinéma de la violence, elle invite à comprendre ce qui se passe sous les apparences de l'indolence et de l'insensibilisation. La violence, la guerre civile généralisée, est tellement forte qu'elle ne peut plus renvoyer à une expérience, qu'elle se confond avec un état de nature auquel on ne peut se soustraire qu'en coupant avec lui, en s'enfermant dans l'atelier audiovisuel qui a succédé à la « petite salle en noir », belle formule d'André Breton pour désigner la salle de cinéma où les enfants ont longtemps appris à rêver avec les images. Alors que l'image ne montre plus, ou de moins en moins, l'épreuve de la violence, on observe un individu qui cherche à s'en décharger. Bref, plus la charge est lourde, et plus la réponse réside dans une forte capacité de décharge qui est à l'origine de la double tendance à l'insensibilisation et à l'extériorisation radicale de la violence. « Question, s'interroge Thierry Jousse : Y a-t-il encore de la *catharsis* dans notre rapport aux images ? Sans doute, mais elle n'a plus dans *Tueurs-nés* le même statut qu'auparavant. C'est la prolifération et la vitesse des images, plus que leur contenu, qui est ici libérateur [...]. Tout notre investissement de spectateur y passe comme si le film avalait notre agressivité et nous sortons, comme dans l'ancien temps, mais d'une manière très différente, purgés de nos passions obscures, moins à la manière d'une tragédie grecque qu'à celle d'une cérémonie magique qui ferait lever nos démons intimes et les expulserait en travaillant directement sur notre énergie vitale[1]. »

Alors que la violence était classiquement une épreuve, voire un rituel, qui mettait en relation (quitte à y mettre un terme) des individus ou des groupes, la posture contemporaine du spectateur consiste

1. In Antoine de Baecque et Thierry Jousse, *Le Retour du cinéma*, *op. cit.*

à se débarrasser de cette expérience de la violence en la déchargeant aveuglément dans un grand dépotoir : il regarde le spectacle de la violence qui tourne sur elle-même en croyant ainsi s'en protéger tout en se laissant dévorer à petit feu. La violence accompagne ici la captation de l'agressivité « avalée par les images » : la violence à l'état de nature qui s'exhibe sur les écrans est inséparable d'un monde où la confrontation avec la violence (la sienne, celle des autres) fait de plus en plus peur (la charge en est de plus en plus pesante). La fiction montre ce que l'on croit être la violence du monde, un monde extérieur, tandis que la non-violence du spectateur, son insensibilisation croissante, témoigne d'une dernière illusion : celle qui consiste à croire qu'il y a une violence totale, celle des autres, et que nous en sommes protégés. Que le monde oscille entre des velléités d'éradication de la violence, un rêve de non-violence, et le spectacle de la violence tourbillonnante, donne à réfléchir : en effet, la violence se manifeste par son absence supposée ou par une montée en puissance d'une intensité folle. Le deuxième cinéma de la violence laisse plus démuni que jamais : plus la violence s'affole sur les écrans, et plus le sujet croit pouvoir s'y soustraire. Manière de dire qu'il est de plus en plus délicat de devenir un sujet.

La fable de « Forrest Gump »

La fable de *Forrest Gump* (Robert Zemeckis, 1994) était une manière d'écrire à l'envers ce scénario : le personnage de Forrest Gump, un idiot qui subit méchancetés, avanies, violences et mépris, sans trop s'en rendre compte, est celui qui réussit le mieux[1]. L'insensibilité à la violence environnante, gage de l'idiotie, le préserve de la violence et ne le rend sensible qu'à l'amour qui lui donne la force d'aller de l'avant, de courir plus vite que tout le monde. Si la violence resurgit à travers le destin de celle qui a fini par devenir sa femme – elle est atteinte du sida –, Forrest Gump tend à prouver qu'on peut traverser la jungle et la violence contemporaines sans en être la victime. Mais ce drôle de renversement repose sur un malentendu : si

1. Dans un tout autre registre, le personnage d'*Augustin* dans le film d'Anne Fontaine manifeste que celui qui se fait passer pour un imbécile s'en sort mieux que les autres sur le plan de la réussite. C'est l'un des principaux ressorts du comique.

Forrest Gump est l'anti-« tueur-né » par excellence, il n'en est pas moins un idiot, un non-violent naturel. On ne sort pas de l'état de nature : Forrest Gump est le double de Mickey et Mallory, les deux héros de *Natural Born Killers*. Mais il ne le sait pas, ou plutôt il ne veut pas le savoir. Il n'est sensible qu'à l'amour, insensible à une violence qui n'existe pas pour lui. Du moins en apparence, car Forrest Gump est notre contemporain : cet homme des démocraties qui, « socialisé au rejet et au dégoût de toute violence, est un être qui vit dans la terreur du passage à l'acte violent[1] ».

Ainsi la boucle de la violence est-elle peut-être provisoirement bouclée : 1º la surcharge du spectacle de la violence est une manière de pousser celle-ci au-dehors comme si le dégoût et la peur qu'on peut en avoir donnaient lieu à une adoration sauvage qui se traduit par une mise en images permanente ; 2º l'obsession du passage à l'acte que manifestent les psychopathes de l'écran traduit la terreur que provoque la violence quand elle est partout et nulle part, semblable à une pieuvre invisible ; 3º les violences de l'écran, loin d'être une fiction, correspondent à un agencement de la violence qui ne peut qu'alimenter des peurs supplémentaires et générer une illusion : celle qui consiste à croire qu'on peut se débarrasser de la violence en dévorant des histoires qui, feint-on de croire, ne nous concernent pas. Comme si le monde était enfin épargné par le mal ! Comme si le mal n'avait lieu qu'ailleurs, sur l'écran. Une sacrée folie !

1. Jean-Marie Lacrosse, article cité.

Conclusion

> « [La question de l'image renvoie à celle de] la maîtrise de la violence, au sens où, dans l'espèce douée de parole, la stupeur d'avoir à vivre l'absence, le retrait de la chose et la présence de la chose dans l'absence – l'image est absence de la chose précisément –, c'est-à-dire de vivre la représentation et le langage, fait que cette question est au cœur de tout : du pouvoir, de notre rapport au monde, et d'abord du rapport à soi. »
>
> Pierre Legendre

Cet ouvrage a été traversé par deux interrogations qui méritent qu'on s'y attarde une dernière fois en guise de conclusion. D'une part, peut-on continuer à croire que notre monde démocratique résorbe progressivement ses violences et que les maux de la violence n'affectent que les sociétés non occidentales ? A cette première interrogation s'en ajoute une seconde : qu'en est-il de la réception du spectacle de la violence visuelle ? Le spectateur qui avale indéfiniment des tombereaux de violence n'a-t-il pas trouvé là une manière de se protéger de la violence environnante, de cette violence qui apparaît toujours comme celle des autres parce qu'on ne veut « rien voir » de la nôtre ? On veut en voir d'autant plus à l'extérieur, sur les écrans, qu'on s'imagine protégé, voire invulnérable. D'où ces questions : cette désensibilisation ne renvoie-t-elle pas à la bonne vieille catharsis, et ne manifeste-t-elle pas que le sujet se soustrait de plus en plus à l'expérience du regard, au risque de ne plus être qu'un réceptacle ? Devenir un réceptacle : telle serait la rançon d'une invulnérabilité illusoire. Mais venons-en à la première discussion, celle qui porte sur la pacification des sociétés démocratiques.

Un monde en voie de pacification ?

Si l'on a tendance à considérer la question de la violence des images comme l'affaire des autres, de quelques manipulateurs ou de quelques aliénés, ce n'est pas sans raison profonde. Les hommes des démocraties aiment croire que leur monde est en voie de pacification et que les violences s'y résorbent lentement mais progressivement. Celles-ci apparaissent alors comme l'affaire de quelques individus dangereux, de tarés potentiellement criminogènes, voire de fractions de la population insuffisamment acculturées ou assimilées. Pour un démocrate, il ne fait guère de doute que la violence est en voie de « relégation », et que l'on doit parvenir à y mettre un terme, sinon à la contrôler. De fait, les violences conflictuelles ont progressivement laissé place à diverses formes de régulation sociale et politique destinées à les apaiser. Il y a là une légende séduisante, un conte de fées démocratique – « Tout est bien qui finit bien » – que des sociologues ou des démographes ont rendu crédible et entretiennent.

L'historien d'origine allemande Norbert Elias a bien résumé, à propos de l'évolution du cours de la violence, la « dynamique de l'Occident » : il a en effet souligné qu'on assistait à un mouvement au long cours, précédant même la naissance des démocraties égalitaires, de réduction de la violence. Selon l'historien des mentalités, la violence a été doublement canalisée : sur le plan du Corps collectif comme sur celui du corps individuel.

Quelle résorption de la violence ?

Nos sociétés ont imaginé d'une part des institutions destinées à maîtriser les violences collectives, sociales, politiques, à les détourner vers le jeu et le spectacle. Et elles ont permis d'autre part aux individus d'intérioriser normes et contraintes. Maîtrise psychique de la violence individuelle, contrôle institutionnel de la violence collective : on assiste à un double processus d'affaiblissement « apparent » de la violence. Mais il n'y a là qu'une apparence, venons-nous de dire. Rien ne permet en effet de passer du constat historique d'un contrôle de la violence à l'affirmation de sa disparition. Si le scénario précédent présente des arguments convaincants, il laisse trop entendre que nos sociétés sont de moins en moins violentes, et ne distingue pas suffisamment la violence visible de celle qui ne l'est pas, la violence extérieure de celle qui sévit à l'intérieur. De quelles violences parle-t-on quand on décrète que « la » violence se résorbe ?

De fait, ce scénario est grevé par un triple défaut. Tout d'abord, il n'aide pas à saisir comment l'apaisement des violences civiles et personnelles s'est accompagné, sans pouvoir les endiguer, de l'émergence des totalitarismes et d'explosions guerrières particulièrement horribles. Les barbaries totalitaires du XXe siècle étaient-elles des moments exceptionnels ? Et tout le XXe siècle fut-il une longue parenthèse préparant l'avènement final de la démocratie, comme invite à le penser Jean Baechler[1] ? Incontestables, la diminution de la violence guerrière entre les États et la résorption de la violence physique entre les individus méritent cependant qu'on examine avec d'autres lunettes la dynamique de l'Occident.

Ensuite, cette thèse se penche insuffisamment sur les caractéristiques de la violence intériorisée – celle qui pénètre à l'intérieur des individus jusqu'à les ravager dans leur tête et les dépecer corporellement – dans des sociétés profondément marquées par les stigmates de l'individualisme. A la tendance à élargir les territoires de la liberté personnelle, à accroître son autonomie, répond l'illusion de se refermer sur soi comme une coquille vide, d'inventer un monde « propre », un monde sans autres. Le rêve de l'individu est de vivre « par et en lui-même » : non sans exercer une formidable pression sur (et contre) lui-même, il croit pouvoir se délivrer du poids du monde extérieur, mais du même coup il se vide lui-même, il se liquéfie corporellement. La dépendance envers la drogue prouve à quel point l'individu peut se satisfaire de l'illusion d'un accomplissement personnel en exerçant sur soi-même, corps et esprit rassemblés, une violence oppressante. L'individualisme démocratique a une double face : celle d'un individu heureux et conscient de ses droits, et celle d'un individu qui s'impose des souffrances et des dépendances.

La vulgate qui souligne la réduction des violences présente un troisième défaut : celui d'ignorer le nouveau cours de la violence qui intervient dans la société française. Et pas à n'importe quel moment : à la fin des « Trente Glorieuses » économiques. Les chiffres rendent manifeste une montée du sentiment d'insécurité. Ainsi observe-t-on une croissance quantitative des violences et des incivilités au milieu des années 70, un phénomène qui favorise la montée d'un sentiment d'insécurité à l'origine d'un imaginaire de la victimisation dont les images de violence se nourrissent. Parallèlement à ce tournant histo-

1. Jean Baechler, *La Grande Parenthèse*, Calmann-Lévy, 1993.

rique, on assiste à une montée de la pénalisation qui relègue la violence intraitable dans les prisons et affecte naturellement la gestion « intérieure » des crimes et des délits. Sur le plan intérieur, toutes les études relatives aux pays européens et aux USA montrent que la prison est devenue le déversoir de violences de moins en moins supportables par une société où le mouvement de fragmentation et de désaffiliation l'emporte sur celui de l'intégration sociale. Sur le plan de l'évolution juridique, on assiste parallèlement à une inflation de la pénalisation derrière laquelle « se profile le spectre de la guerre de tous contre tous [1] ».

Résurgences de la violence

Ces divers changements de tendance débouchent sur un dernier phénomène. Celui-ci, le plus frappant, réside dans le renversement complet de nos représentations de la violence : traditionnellement, l'état de nature, indissociable du scénario de la guerre, caractérisait les relations interétatiques alors qu'on considérait que la paix civile régnait au sein des États. Il n'en va plus de même dans un monde où la paix rime avec l'internationalisation, et la guerre avec les luttes intestines. A voir comment la ville est aujourd'hui la proie de la violence, de Beyrouth à Sarajevo et Grozny, victime de « l'urbicide », on comprend que la guerre se présente aujourd'hui moins comme une guerre visible entre États et liée à un champ de bataille, que comme une guerre intestine, intérieure, invisible, une guerre marquée par les pratiques terroristes et mafieuses, une guerre orchestrée par des milices, des bandes et des gangs. Or, ces « guerres de plus en plus virtuelles » et ces « massacres de plus en plus réels » [2] se retrouvent dans les images contemporaines de la violence au point qu'il n'est pas absurde de parler d'une « nouvelle économie des images de la violence ».

1. Antoine Garapon et Denis Salas, *La République pénalisée*, Hachette, 1996.

2. Voir le chapitre intitulé « Guerres virtuelles et massacres réels », in Ghassan Salamé, *Appels d'empire. Ingérences et résistances à l'âge de la mondialisation*, Fayard, 1996.

Désensibilisation et catharsis

Ce constat d'une « nouvelle économie des images de la violence » autorise-t-il alors à parler d'une « désensibilisation » et de voir dans cette dernière une variation toute contemporaine de la catharsis ? S'opposent aujourd'hui deux écoles, on le sait : la première reproche au spectacle de la violence de favoriser le passage à l'acte de certains individus et d'acclimater la sensibilité du public à la violence, la seconde reconnaît au déferlement d'images violentes une vertu quasi cathartique, une protection contre ses propres démons[1]. Dans cette optique, le phénomène de désensibilisation décrit plus haut viendrait confirmer cette deuxième thèse : bref, la désensibilisation correspondrait à une actualisation de la catharsis, concept inauguré par Aristote dans sa *Poétique*.

Mais si l'on en revient au texte aristotélicien lui-même – celui-ci a récemment fait l'objet de nombreuses relectures et traductions –, rien n'est moins sûr. La désensibilisation contemporaine aux images violentes traduit en effet une relation au spectacle de la violence dont il est difficile de tirer aujourd'hui toutes les conséquences, tant elles sont nouées aux nouvelles formes prises par la violence.

« La tragédie est une représentation [...] qui, par la mise en œuvre de la pitié *(eleos)* et de la frayeur *(phobos)*, opère l'épuration *(katharsis)* de ce genre d'émotions[2]. » Cette affirmation s'appuie sur une

1. Voir Catherine Humblot, « Violence à l'écran, histoire d'un serpent de mer », in *Le Monde*, 28-29 avril 1996. Dans cette enquête, C. Humblot cite la psychologue Sylvie Mansour qui, suggérant une comparaison avec les traumatismes de guerre, renvoie dos à dos les diverses hypothèses d'école (catharsis ou influence directe). « On ne peut pas, affirme celle-ci, tirer de conclusion linéaire. On ne sait jamais comment un enfant va s'en sortir ! Les programmes violents sont modulés par tellement de facteurs et les effets sont très différents. Les gens sont un peu déçus quand on leur dit cela. Mais, dans le domaine des sciences humaines, les choses ne sont jamais automatiques. » Dans ses travaux, Marcel Frydman (*Télévision et violence : bilan et réponses aux questions d'éducateurs et parents*, Éditions médicales et paramédicales de Charleroi, 1993) montre, ce qui renforce la thèse de la désensibilisation, que plus un enfant subit la violence des images à la télévision, plus l'effet violent des images et les risques de passage à l'acte (si l'on excepte les enfants déjà enclins à l'agressivité) tendent à faiblir progressivement.

2. Extrait des notes de traduction rédigées par Roselyne Dupont-Roc et Jean Lallot, in Aristote, *La Poétique*, Seuil, 1980, p. 190. On peut également se reporter au récent commentaire proposé par Paul Ricœur dans *Temps et récit*, tome 1, Seuil.

double hypothèse : sur celle d'une épuration et sur celle de l'exercice d'un regard, le spectacle devant permettre au spectateur d'exercer un regard. « Si donc la tragédie peut "épurer" les émotions qu'elle éveille chez le spectateur et lui donner ainsi du plaisir et non de la peine, c'est en tant qu'elle offre à son regard des objets eux-mêmes épurés. » Le modèle de cette alchimie mimétique a été décrit au chapitre 4 (48 b 10 *sq.*) de la *Poétique* : « Nous avons plaisir à regarder les images les plus soignées des choses dont la vue nous est pénible dans la réalité. La substitution du plaisir à la peine repose sur une transformation du regard que permet le travail mimétique d'épuration de la forme : de la simple vision des choses mêmes – pénible lorsque le spectacle est repoussant –, on passe, en face du produit de la mimesis, à un regard qui s'accompagne d'intellection, et, partant, de plaisir. La katharsis tragique est le résultat d'un processus analogue : mis en présence d'une histoire (muthos) où il reconnaît des formes, savamment élaborées par le poète, qui définissent l'essence du pitoyable et de l'effrayant, le spectateur éprouve lui-même la pitié et la frayeur, mais sous une forme quintessenciée, et l'émotion épurée qui le saisit alors et que nous qualifierons d'esthétique s'accompagne de plaisir[1]. »

Si l'on accepte cette interprétation selon laquelle « la katharsis n'est autre que l'effet "hédonique" de l'opération mimétique elle-même » et qu'elle ne concerne pas uniquement la tragédie, il apparaît que les images contemporaines de la violence ne la confirment pas particulièrement. Tout d'abord, elles transforment rarement la frayeur ou la pitié (envers la victime) en plaisir, elles génèrent une frayeur indistincte qui n'autorise pas à prendre la « bonne » distance favorisant l'épuration. Et pour cause : la violence des images contemporaines sort le plus souvent des sentiers tracés du *muthos* (récit) et ne cherche pas à offrir au regard du spectateur des objets eux-mêmes épurés. La désensibilisation contemporaine – indissociable, selon moi, des métamorphoses de la violence historique elle-même – participe d'un double échec de la catharsis : échec d'un regard brouillé par une violence diffuse et trouble, échec d'une « configuration » de la violence par un récit susceptible de l'épurer. Un film comme *Safe*

1. Roselyne Dupont-Roc et Jean Lallot, notes de traduction de *La Poétique*, *op. cit.*

(Todd Haynes, 1995) – celui-ci raconte les peurs d'une yuppie californienne soudainement atteinte d'une étrange maladie de l'environnement – traduit bien cette situation où la violence extérieure est ressentie comme pouvant en permanence et naturellement agresser un individu qui n'a pas su la prévenir. L'échec de la catharsis ne peut que déboucher sur une désensibilisation qui ne convertit pas la violence mais s'efforce de l'annuler en la surconsommant. Comme l'affirme Pierre Legendre : « Étouffons-nous donc, par le remplissage. Après tout, c'est un mode de gouvernement de masse, qui touche à la faille humaine : éviter l'angoissse de la séparation, combler l'écart du mot et de la chose, défaire l'écart imposé par le miroir. Alors, on bourre, on remplit, on promeut le plein[1]. »

Parler de catharsis (ou à l'inverse de son absence) est donc fort discutable : les images de la violence contemporaine n'ont pas spécialement de vertu cathartique, elles sont le spectacle d'un double environnement psychique et historique (on est l'otage de sa propre violence comme de celle qui alimente l'histoire) sur lequel nous n'avons plus guère prise et dont nous cherchons maladivement à nous extraire en le regardant « de loin », en nous désensibilisant quand c'est encore possible dans la fiction. Les images de la violence sont comme exposées dans un laboratoire cinématographique où elles défilent à l'infini, comme si elles mettaient en scène un monde étrange, notre monde, ce monde avec lequel nous voudrions « n'avoir plus rien à voir ». Voir la violence pour mieux s'en détacher ne revient pas à la convertir : cette attitude ne correspond pas à l'expérience de la catharsis qui est, elle, inséparable de l'expérience d'un regard qui accepte d'être mis à l'épreuve par le spectacle auquel il assiste. Ici on est dans la violence mais hors spectacle, hors jeu. La désensibilisation ne correspond pas à une épuration de la frayeur produite par la violence des images, elle est l'invention d'un sujet absent, « en suspens », à l'abri de sa propre violence et de celle du monde, elle est la production d'un sujet qui regarde une violence imaginée en laboratoire, une violence *in vitro* qui ne le concerne pas ou plus, d'un sujet qui se déprend d'un monde dont il a trop peur. Bref, d'un sujet qui n'est déjà plus un sujet.

1. Entretien avec P. Legendre, in *Qantara*, nº 15, avril-mai-juin 1995.

D'aucuns peuvent en douter et parler simultanément de « nouvelle biosphère des images » et de « nouvelle catharsis » : évoquant les nouveaux films de la violence (Stone et Tarantino en tête) et reconnaissant dans « le statut de l'image quelque chose d'incertain, quelque chose qui n'a plus qu'un lointain rapport avec l'enregistrement, le réalisme, voire même l'effet de réalité[1] », Thierry Jousse pense ainsi qu'il y a là le signe d'une transgression par rapport au « regard » tranquille de la norme, le témoignage d'une nouvelle sensorialité qui « nous oblige à aller plus loin et à ne pas nous fermer les yeux pour ne pas s'affronter à la violence dont le cinéma est porteur ». Selon lui, on assiste à une « manière inédite de recevoir les images, à la mise à l'épreuve de notre perception ». Pour qu'il y ait nouvelle catharsis, il faut s'en prendre à un regard encore trop sage et moral, « il faut montrer et voir jusque dans l'horreur et la cruauté ». Ce que dément pourtant le scénario d'une désensibilisation étrangère à toute morale du regard puisque le sujet est « coupé » de ce qu'il regarde. Sans regard, plus de sujet, et encore moins de catharsis.

La sensorialité de la « nouvelle biosphère des images » invite cependant à considérer un dernier scénario possible pour les images. Un film comme *Crash* (David Cronenberg, 1995) est inséparable d'une activité inlassable du regard et de la capacité d'inventer des situations où l'individu peut prendre du plaisir, à commencer par celles où rôdent simultanément le sexe et la mort. On trouve donc à priori certains des éléments de la catharsis (l'exercice du regard, le plaisir) dans ce cinéma dont l'intérêt est de « provoquer » le regard au point qu'il n'y a pas de plus grand plaisir pour les personnages de *Crash* que celui de se regarder sur un écran vidéo en train de subir des violences accidentelles et de connaître les pires douleurs « par plaisir ». Le spectateur est ici un complice, un producteur d'images désirantes et de fantasmes qui se chargent de violence. Certes, on est loin de la catharsis, de l'épuration, mais certains voient dans ce cinéma une manifestation d'inventivité, et la possibilité de recréer un regard par ailleurs en perdition. Bref, la leçon de Kubrick aurait été entendue. Pour ma part, je crains que ces images « activistes », que cette inten-

1. In *Le Retour du cinéma*, *op. cit.*, p. 63-66.

sification proclamée du regard, bref que cette hypersensibilisation ne soit que la contrepartie d'une désensibilisation plus générale à la violence. Quand on projette la violence au loin de « soi » tout en s'en nourrissant quasi biologiquement, il n'y a plus d'autre choix que de se faire mal, le plus mal possible pour désirer, jouir, mais aussi, plus simplement, pour se rappeler qu'un monde existe encore dans le prisme de ces corps qui se projettent dans des images.

Si ces débats sont délicats, il ne fait cependant, en tout cas pour moi, guère de doute que la « nouvelle économie des images » (celle qui ne se satisfait pas du discours sagement transgresseur concernant « la nouvelle sensorialité ») nous fait entrer dans un âge inédit, celui qui correspond à « l'état de nature » décrit en particulier dans notre premier chapitre. Un âge inédit, un état de nature dont il faut dessiner et comprendre les configurations au propre comme au figuré, dans le réel comme dans la fiction.

Un « état dénaturé », une violence proliférante qui fait surgir la figure du Mal à laquelle nos sociétés sont incapables de riposter, d'apporter une réponse, sinon celle de son éradication ou de son oubli. Faut-il alors s'en étonner ? Dans la plupart des films évoqués ici, et pas uniquement dans les films américains dont l'imaginaire puritain n'est jamais absent, le mal et la violence s'expriment à travers des thèmes religieux, le plus souvent bibliques, comme le pardon, l'apocalypse, les péchés, etc. Tout se passe alors comme si la violence mettait au jour un langage religieux où la figure d'un Dieu vengeur est la plus forte, le monde ne pouvant être vécu que dans le sang et dans la perspective de la mort des autres qui doivent laisser la place. Si la démocratie moderne a peur d'un mal qui l'obsède tant, elle l'évoque sur les écrans en recourant aux expressions religieuses de la vengeance. Le mal qui taraude les corps et les esprits ne peut-il être qu'ignoré, au risque de ressortir plus intensément comme un explosif, ou bien mis en scène par des formes qui épousent celles d'une religion de la vengeance ? Mais n'y a-t-il d'autre destinée pour le mal que le silence qui l'entoure le plus souvent dans les démocraties ou la religion des petits et grands dieux vengeurs qui règnent quand le mal s'exhibe à « l'état de nature » ? Mais c'est un autre débat.

Ce « passage par les images » n'avait d'autre ambition que de conduire à réfléchir sur les violences contemporaines, celles qui dévorent les écrans pour qu'on puisse feindre de mieux les ignorer. Si la controverse sur la violence des images était purement et simplement esthétique, on finirait bien par s'en sortir… mais ce n'est pas le cas, c'est du mal que l'histoire charrie et de la violence qui sourd dans nos têtes qu'il a été question dans ces pages.

« Contrairement a ce qu'a dit Valéry, écrit Le Clezio dans *Ailleurs*, la société occidentale ignore complètement qu'elle est mortelle. Elle ne veut pas penser à sa mort. Et, justement, à cause de cette peur, elle risque bien de disparaître sans laisser de traces. » Le Clezio n'a pas tort, on ne veut pas penser à la mort sous nos tropiques. Mais il se trompe quand il affirme qu'on n'y laissera pas de traces, les pellicules en tous genres montrant notre obsession d'une mort invivable pullulent en effet. Tel est le sens de notre demande de violence : « Montrez-moi cette violence dont je ne veux pas pour moi ! Montrez-moi tous ces morts en série pour me faire oublier que nous sommes tous des mortels condamnés à se débrouiller avec la violence ! »

ANNEXE I

La ville prise en otage : les cinémas de Beyrouth

A Moammed Khaïr-Eddine

A LA VIOLENCE DES MODERNES répond celle des anciens, à l'agression urbaine celle de la tribu ou de l'ethnie, là où le sang symbolise les origines. On ne parvient pas à en finir avec la violence, la nôtre comme celle d'hier. Mais à ces scénarios dont certains évoquent un écart géographique impossible, une fuite hors de l'enfer urbain, viennent répondre ceux qui s'enterrent dans les souterrains de la guerre urbaine. Quand on ne cherche pas à quitter la ville pour retourner au village ou rejoindre la terre de la tribu, on se cache, on se love, on descend dans les caves et souterrains de l'histoire, dans les niches de la ville : il y a ici un mouvement qui, s'il accompagne la descente aux enfers de la chute libre, traduit une volonté de se mettre à l'abri. Domine un désir de réclusion « à perpétuité » dans des alvéoles, dans des lieux abrités où l'on se protège des autres, mais d'où l'on peut également attaquer, tuer sans être vu. Aux scénarios de la chute et de l'écart, s'ajoutent donc ceux qui privilégient la figure du souterrain, se perdant moins dans les dédales de la ville qu'ils ne se cachent dans des souterrains.

Si les images de la guerre urbaine font la fortune des producteurs, elles n'en sont pas moins variées : le plus souvent elles montrent sur le petit écran des tueurs qui veulent s'emparer de la ville pour la saccager, la mettre à mort. Ces professionnels de la destruction urbaine prennent la ville de l'extérieur et pratiquent un art militaire fort ancien, celui de l'urbicide. A ces tueurs qui attaquent de l'extérieur répondent de plus en plus fréquemment sur le grand écran ceux qui se cachent à l'intérieur pour mieux la faire exploser. On la prend depuis les hauteurs ou d'en bas. Au centre d'une guerre qu'elle a symbolisée, la ville de Beyrouth a suscité bien des films et bien des images : les scruter n'est pas sans intérêt puisque, à l'image du ravisseur, de l'Occidental qui veut prendre la ville de haut, répond l'image de celui qui veut combattre à l'intérieur de la ville. Croisant les deux mondes : occidental (celui qui veut prendre la ville) et oriental (celui qui ne veut pas se laisser ravir), le cinéma de Beyrouth annonçait la production cinématographique contemporaine, celle où la violence se terre dans les souterrains pour mieux terroriser la cité (*Léon* de Besson par exemple), celle qui génère ces images nouvelles qui ont fait l'objet de cet ouvrage. Mais il y avait encore dans ce cinéma une issue qui n'est pas sans évoquer *L'Ame des guerriers* : on cherche à échapper à la ville, à la violence qui s'abat sur elle depuis les hauteurs ou à celle qui circule, féline et invisible, dans les souterrains. Et celui qui veut quitter la ville part dans le désert comme d'autres rejoignent la terre tribale. Pour le meilleur ou pour le pire !

● ● ● ● ●

Si « le cinéma de Beyrouth » se présente de prime abord comme une gamme bigarrée de genres et d'images, le scénario qu'il raconte est une variation plus spécifique sur deux thèmes : celui du corps « ravi » de l'étranger qui croit s'emparer de la ville, mais aussi celui du corps de l'étranger qui se perd avant d'être « ravi » par la ville. Du ravissement au rapt… En même temps que la ville disparaît sous le regard prédateur de l'étranger, celui-ci va progressivement disparaître dans la ville. Deux variantes de la disparition. Le scénario de Beyrouth se confond avec ce thème [1].

Sans trop s'en douter, tous ces scénarios, si peu élaborés soient-ils, écrivent une histoire de la ville, une histoire étrange qui raconte déjà sur le mode de la fiction, bien avant le déclenchement de la guerre en 1975, le destin d'une ville qui fait d'autant plus vite disparaître le corps de l'étranger qu'elle en est l'otage imaginaire. Entre les deux temps du scénario : entre celui où le corps de la ville s'offre au regard, de haut, de très haut, de trop haut ; et celui où le corps de l'étranger disparaît au fond, en bas, beaucoup trop bas, tombe dans les trous creusés par des obus, dans les creux d'une ville où le regard échoue, et se perd devant un rideau de fumée. Entre ces deux temps, il n'y a pas de médiation possible, il n'y a donc pas d'histoire ni de corps beyrouthins.

1. Pour rédiger cette séquence, j'ai visionné des extraits des films évoqués sur cassettes. Loin d'être une étude « des » cinémas de Beyrouth, j'ai essayé de montrer Beyrouth, de lui donner un peu de corps en dépit des « scénarios » de la disparition mis en scène par les images.

Le corps beyrouthin ne se laisse pas voir, il demeure secret, invisible. Les scénarios de Beyrouth sont d'autant plus lourds, voire grossiers, qu'ils exposent l'impossibilité pour la ville de se raconter des histoires. Beyrouth la paradoxale, une ville sans histoires, une ville sans images. Mais celles-ci se présenteront, beaucoup plus tard, sous la forme de photographies d'une ville morte, victime de son histoire. Comme des fragments de ruines – c'est l'obsédante place des Canons – qui sont peut-être moins le témoignage d'un temps mort que d'une parenthèse historique. De l'image cinématographique à la photographie des ruines, le « cinéma de Beyrouth » n'a peut-être duré qu'un temps[1]. Celui qui précède une hypothétique reconstruction architecturale[2].

Premier morceau d'un scénario fragmenté : l'arrivée de l'étranger que précède un temps « aérien » de suspension. Elle donne à voir les images que l'étranger (de l'officier au croupier de casino, de l'archéologue au détective) se fait de Beyrouth. Une ville dont il rêve d'autant plus qu'il l'imagine comme un corps veule et lascif, prêt à toutes les corruptions et à succomber à la moindre séduction. Ville au corps vicié par l'argent, ville aspirée par l'échangisme sexuel et financier ! Deuxième temps du scénario : celui d'une plongée dans l'espace urbain. Ce que traduit un défilé d'images extrêmement rapides qui agitent les légendes quasiment secrètes d'ici. A défaut de voir les artères et le corps de la ville. Mais ces deux temps du scénario de la ville, contrastés au point qu'il n'y a guère de relation perceptible entre le temps du survol et la séquence de la plongée, s'expriment dans des images qui n'ont pas grand-chose à voir avec la ville de Beyrouth. Cette ville ne se voit pas, elle n'est pas visible : soit on la survole en croyant la capturer, se l'approprier ; soit on y plonge au sens strict. Entre des images aériennes, ensoleillées, comme vidées par l'intensité de la lumière, et des images aquatiques qui virent au noir de la noyade, on ne voit rien de la ville et de ses habitants. Les images ne font-elles

1. Voir dans *Beyrouth centre ville* (Éd. du Cyprès, 1992) les photos de Gabriele Basilico, Raymond Depardon, Fouad El-Khoury, René Burri, Josef Koudelka et Robert Frank. Voir aussi *Beyrouth aller/retour*, par Fouad El-Khoury, Éd. des Cahiers du cinéma, 1984.

2. Sur les ambiguïtés de la politique de reconstruction et la mainmise syrienne sur la ville, voir le dossier indispensable des *Cahiers de l'Orient*, 1993. Écrit en 1988, ce texte parle d'une ville qui n'était pas encore sortie de la guerre, d'une ville d'avant la reconstruction, d'une ville d'avant la pacification syrienne.

alors de Beyrouth qu'un fantôme, un spectre ? Peut-être pas, ces images vides, sans substance, désincarnées déploient des fantasmes et montrent involontairement l'envers du décor.

Même si elle n'en finit pas de disparaître dans un linceul d'images, la ville-tombeau fait d'autant plus parler d'elle qu'elle est assiégée, éventrée, divisée, égorgée. Et son corps mort exhibé à la face du monde. Le cinéma de Beyrouth n'est pas toujours un cinéma de « faussaire » : il montre involontairement le destin d'une ville qu'on n'a justement pas voulu montrer, qui n'a pas eu le droit de Cité, et n'a pas bénéficié d'un droit à l'image et au regard. Au point d'en devenir folle et d'être montrée au monde entier comme le lieu monstrueux où une « bombe » a commencé à exploser en 1975, déclenchant une succession de cataclysmes urbains dont Sarajevo sera l'un des futurs épisodes. Celui qui regarde derrière les images voit apparaître un visage étrange, celui d'*Elephant Man*, celui d'une ville animale qui ne peut dire qui elle est. C'est pourquoi on se travestit, se déguise et se masque en permanence dans les films tournés à Beyrouth : de la même manière qu'on traverse traditionnellement la ville. Beyrouth, une ville, la Ville par où l'on passe : « Beyrouth, porte de l'Extrême-Orient ». C'est le slogan qui accompagne la création d'une ligne inaugurée en 1938, Paris/Beyrouth/Saïgon/Hanoï, qui donne lieu à une cérémonie sur l'aérodrome dont rendent compte à l'époque les actualités. Beyrouth : histoire d'aller ailleurs et de revenir. Mais celui qui passe à Beyrouth risque d'y disparaître.

Le survol ou l'image suspendue

Quel que soit le genre de film fabriqué par le regard occidental – des premiers documentaires militaires au film d'actualité Gaumont ou Pathé des années 50 et 60, du film de facture orientaliste au film d'espionnage – il y a toujours un début dans le cinéma de Beyrouth. L'origine spatiale et géographique de l'histoire est mise en scène afin de marquer la rupture entre Beyrouth et son dehors. L'image montre « l'étranger à Beyrouth » : on y arrive toujours de loin, on vient d'ailleurs, et jamais des faubourgs, des régions proches [1]. Beyrouth est une

1. Dans *Garo* (1965), un film arménien sur le cycle de la violence dans des banlieues qui ne ressemblent à rien.

ville qui n'a pas d'environnement, c'est un lieu sans médiation géographique. Ville sans médiations historiques et géographiques : un îlot au milieu du désert, ville hors du temps.

L'arrivée du dehors

Ce « commencement » beyrouthin est déjà un mauvais présage : rien n'est apparemment susceptible de commencer dans Beyrouth, à Beyrouth. Les premières séquences déroulent rarement des images de Beyrouth, mais on n'est jamais dans Beyrouth. Si Beyrouth est « initialement » vu d'ailleurs, on y arrive le plus souvent, frais et dispos, par la voie aérienne, plus rarement par voie maritime comme dans *Échappement libre* (1964) de Jacques Becker, un remake commercial d'*A bout de souffle* avec les mêmes acteurs (Belmondo et Jean Seberg). On n'y accède plus par la voie du désert, comme le faisait encore le militaire durant le mandat français [1] : dans un certain nombre de films de l'entre-deux-guerres, les nuages de sable provoqués par la marche épique et coloniale des « soldats du désert » contraste avec le calme du voyageur qui arrive par avion.

On ne marche pas vers Beyrouth, on s'y pose, et on y arrive de haut le plus souvent[2]. Il y a toujours un vide préalable – trou d'air ou désert – qui précède l'entrée dans Beyrouth. Il ne faut pas se tromper : l'étranger sagement assis dans l'avion peut laisser croire que l'arrivée à Beyrouth se fait dans le calme, mais pourtant les liens du dedans et du dehors sont déjà brisés. Toucher le sol beyrouthin exige déjà un écran de fumée, et le bruit des réacteurs est d'autant plus assourdissant qu'il couvre le silence du désert. Cette entrée en matière qui prend moins l'allure d'une pénétration violente, d'une conquête agressive ou d'un viol que d'un lent atterrissage prépare déjà au double rapt du scénario de la disparition. On arrive de haut pour toucher le sol : ainsi commence le mouvement de la descente vers Beyrouth qui précède la chute dans Beyrouth. Si le scénario oblige fréquemment l'avion à se poser « en catastrophe » sur l'aéroport international pour cause d'avaries, la séquence policière peut alors com-

1. Voir la bataille dans le désert de la première version de *La Châtelaine du Liban*, celle d'Epstein (1933).

2. La plupart des films policiers (histoires d'espions, d'escrocs…) commencent par la séquence d'un avion qui se prépare à l'atterrissage.

mencer immédiatement. Comme c'est le cas dans *24 Hours to Kill* (1966) où un steward incarné par Mickey Rooney est impliqué dans un trafic d'or.

Images de la possession

Ce premier temps du scénario, celui de la « suspension », est paradoxalement l'occasion de voir Beyrouth. Et ce sera la seule. Avant d'atterrir, de tomber dans Beyrouth, l'étranger regarde la ville dans une « position de survol » qui la rend d'autant plus visible que c'est de là-haut que le regard jouisseur peut véritablement se l'approprier et la capturer. Illusoire, le « temps de survol » joue néanmoins un rôle essentiel : il fournit les seules images de la ville dont nous allons jouir. L'œil aérien de l'étranger tient la ville à distance, ce qui la rend paradoxalement plus « étrangère » encore au corps étranger qui croit fictivement la « ravir » à ce moment. On ne voit vraiment Beyrouth que de haut et cette vision peut durer longtemps, s'étaler dans le temps aérien.

Si Beyrouth ne se montre qu'en surplomb, le regard est déjà « biaisé », car il ne parvient pas à s'emparer de la ville d'un seul regard, d'un coup d'œil de voyeur, d'un mouvement de caméra. On voit rarement Beyrouth en totalité, mais toujours en partie, de manière fragmentée, comme une citadelle perdue en plein désert, et jamais comme une ville. Ce dont témoignent les films militaires ou les documents d'actualité qui présentent toujours Beyrouth – dont Baalbek est le prolongement « spectaculaire » avec ses temples et son opéra en plein air – comme une succession de fortins ou de bastions séparés les uns des autres. Les images sont rythmées par une succession de mouvements circulaires qui ne sont pas sans rappeler le vol du rapace qui s'approche lentement de sa proie avant de foncer sur elle.

Le dehors de la ville est toujours en hauteur. Et le regard s'inverse : le ciel se déchire subitement pour découvrir la machine volante qui se rapproche de la terre afin de l'occuper. Simple point dans le ciel, le dehors n'est pas le signe du sacré, mais une carlingue de ferraille qui transporte des hommes qui attendent beaucoup de Beyrouth. Beaucoup trop.

Mais on se trompe encore et toujours sur Beyrouth car on ne sait pas où on atterrit : l'étranger croyait savoir, il s'imaginait que la ville existait pour assouvir ses jouissances. Mauvais présage, les images glissent lentement, insinuant qu'elles sont mensongères. L'étranger n'a pas reconnu « sa » ville, il la voit mal et pressent qu'il tombe dans une ville étrangère qui ne s'exposera plus dans des images, et disparaîtra au fur et à mesure qu'il tentera de la découvrir et de l'ouvrir. La ville s'est déjà fermée, c'est pourquoi la lente pénétration de Beyrouth annonce une chute dans Beyrouth qui est la métaphore de la « chute historique » de la ville. Le temps de suspension – survol et approche – a seulement différé la chute.

Beyrouth est donc vue d'avion, de très haut, et on ne la verra jamais que d'un ciel incroyablement bleu et ensoleillé, un ciel qui laisse croire que Beyrouth est à la disposition de celui qui arrive. Mais on ne se prépare pas à entrer dans Beyrouth puisqu'il n'y a pas de lien entre un dedans et un dehors. On s'en approche seulement et on ne cessera plus de s'en approcher puisque Beyrouth n'existe pas pour l'étranger, la ville étant un mirage qui va disparaître furtivement. Dans ces conditions il n'y a pas de frontière, mais un passage obligé, un sas où des douaniers contrôlent moins des passeports qu'ils ne viennent, comme des pythies, annoncer que la ville a ses pièges, ses mirages et ses règles. Dans *Rébus* (1968), le douanier regarde dans les yeux le voyageur et lui dit, sous la forme d'un dicton sibyllin, qu'il faudra désormais passer au-dessus de l'ami et de l'ennemi qui se sont entre-tués. La ville n'est pas la Beyrouth fantasmée par l'étranger, mais un autre monde, un monde qu'il ne comprendra pas plus qu'il ne le verra.

La frontière n'est ni spatiale ni géographique, elle est symbolique. Et c'est le plus souvent un Beyrouthin anonyme qui annonce à l'étranger qu'il vient d'arriver à Beyrouth. De même qu'il n'y a pas de transition entre le dehors et le dedans, il n'y a pas de médiation possible entre l'ami et l'ennemi : c'est dire que le corps étranger ne reconnaîtra ni l'un ni l'autre et qu'il se trompera. Beyrouth ne se nomme pas par hasard dans la bouche du messager qui donne corps à une ville qui n'existe déjà plus dans des images, car pour voir Beyrouth, en rêver, il fallait planer au-dessus. L'arrivée à Beyrouth est signifiée par des individus secrets et fantomatiques, et non par le corps de la ville. On tombe sur Beyrouth quand on a entendu pour la première fois la mauvaise nouvelle : la ville n'a rien à voir avec les images en surplomb de

Beyrouth, avec la carte postale avec laquelle on la confondait jusqu'alors. Le regard de surplomb n'était donc pas si biaisé, condamné qu'il est à voir des fragments de la ville, un peu par hasard.

La chute urbaine ou la disparition du regard

On a aperçu Beyrouth de là-haut, on ne la verra plus. Il n'y a pas de transition, de gradation, de glissement. Dès qu'on s'est posé sur l'aéroport international – ce personnage central, ce lieu qui capte toutes les énergies au point que nombre de scènes s'y passent déjà avant même qu'il ne soit l'objet d'un marchandage permanent entre factions rivales – on entre dans Beyrouth, cette autre ville qui n'est déjà plus celle de l'étranger, celle qui lui appartient. Mais aussi celle qui va le rendre fou.

Une fois touché terre, le voyageur étranger est livré pieds et poings liés à Beyrouth : voilà que la ville le lie, l'aliène à son propre destin. Tout change, tout va très vite, les images se précipitent, les séquences changent soudainement de rythme. Après une longue approche lente et circulaire, celle de l'atterrissage, la vitesse prend le dessus au point qu'on ne voit plus grand-chose : quand il n'y a plus de « dessous », ce dessous vu de haut qui permet encore un semblant de viol du regard, les images permettent seulement de passer d'un point à l'autre, de transiter d'un lieu de protection à l'autre. Seuls havres de paix apparents : les boîtes de nuit où se trouvent des femmes étranges et dévoreuses ou des hôtels de luxe où l'étranger finit souvent au fond de l'eau de la piscine. Le regard étranger ne voit rien d'autre que ce qu'il peut voir partout ailleurs dans le monde, il ne voit qu'une Beyrouth qui lui renvoie son propre miroir. Il ne voit donc rien. Rien d'autre que la photo de l'hôtel déjà présente sur la publicité de l'agence de voyages.

Le mouvement saccadé du cinéma beyrouthin est manifeste : on y descend lentement d'un ciel de carte postale pour parcourir une ville qui n'existe pas avant d'en ressortir miraculeusement si on n'a pas « échoué » au bord d'une plage ou été projeté du haut d'une falaise. La traversée de Beyrouth s'effectue de haut en bas : on y chute d'autant plus violemment qu'on a pris le temps préalable d'y arriver. L'Occidental est d'autant plus surpris qu'il arrive en prédateur et croit jouir d'une ville qu'il a scrutée du regard avant de la « ravir ». Les premières séquences sont trompeuses : cette ville dans laquelle on plonge par voie aérienne comme à Los Angeles ou Hong Kong – deux capitales de la production cinématographique – devrait être le décor idéal comme les villes californiennes ou asiatiques pour les séries policières qui s'y déroulent. Mais il n'y a pas plus à Beyrouth de décor que d'envers du décor, car la ville se retourne rapidement contre celui qui veut en jouir.

Le rythme et le découpage des séquences sont significatifs : il n'y a pas d'acteurs privilégiés, de scènes, de tréteaux, de lieux-dits, juste des parcours durant lesquels celui qui débarque tente d'échapper aux menaces. La ville n'est même pas un décor, mais une succession de porches, de caches et de murs qui préservent de la menace, et l'empêchent de devenir trop visible et obsédante. On est vite repoussé de Beyrouth par on ne sait quel ennemi qui se terre dans la ville, menace d'autant plus anonyme que son ombre elle-même n'est pas perceptible : soit il est ailleurs, dans les souterrains de la ville, soit il se prend pour un *deus ex machina*, l'un de ces dictateurs qui veulent conquérir le monde, renvoyant ainsi au regard prédateur de l'étranger une volonté de puissance délirante[1]. On ne voit rien de Beyrouth, une fois qu'on s'y est glissé et qu'on a passé la frontière « mensongère », car on n'arrive nulle part. On n'arrive nulle part mais on se perd dans ce nulle part qui est une pieuvre urbaine. Ne se montre alors de la ville que ce qui en accentue l'invisibilité, et Beyrouth n'est plus alors qu'une succession de glissements ou de glissades.

La deuxième séquence prolonge donc la descente mais le mouvement s'est inversé et le scénario retourné : sans qu'on le comprenne, Beyrouth n'est plus la ville qu'on s'approprie mais la ville qui envoûte. L'étranger qui pensait capturer la ville se laisse capturer à son tour, celui qui croyait la vaincre est happé par une ville qui devient son propre tombeau. La ville n'a plus d'images, elle est un lieu où on se cache pour ne pas être vu, où on court pour ne pas être pris, où on tourne en rond le plus vite possible. Les images ne sont plus celles que l'on voyait d'en haut, mais des images tourbillonnant vertigineuse-

1. Voir *Ombres sur le Liban* (1967).

ment sur elles-mêmes. Elles défilent d'autant plus rapidement que « l'expérience de la ville » va désormais consister à y disparaître ou à s'en échapper par le haut. On tombe dans la ville invisible toujours un peu plus bas, ou bien on cherche à en sortir par le haut[1].

La ville ressemble désormais à une double cache : pour le corps de l'étranger qui en a peur, mais aussi pour le corps invisible qui défend la ville contre l'étranger prédateur. Mais entre-temps les images de la ville ont totalement disparu et le regard s'y est abîmé : il n'y a plus rien à voir d'un lieu dont on cherche à s'enfuir et où l'on ne sait pas repérer l'ennemi. Peut-être parce que, disait le douanier-messager, on ne peut plus que passer sur le corps de l'ami et de l'ennemi qui se sont entre-tués. Le mauvais scénario policier et toutes les histoires d'agents secrets racontent à leur manière l'avenir d'une ville qui va progressivement se transformer en un champ de ruines. Celui que montre la photographie qu'obsède le fragment, le morceau…

Mouvements d'aspiration

Une fois tombé dans la ville, le regard prédateur est pris au piège d'une ville dont il ne voit pas grand-chose, sinon les fausses images et simulacres que l'Occident lui avait promis. Paradoxe : s'il ne veut pas être aspiré par la ville, il devra continuer à glaner des fantasmes, à se satisfaire des images caricaturales auxquelles il pouvait encore croire de là-haut. Il ne peut survivre qu'en restant dans l'enceinte de la ville-simulacre… Mais on continue à se noyer dans les piscines des grands hôtels.

Le faux décor

Vue du bas, la fascination beyrouthine, celle de l'argent et de la femme, retombe dans la quotidienneté et perd tous ses charmes. Les images s'effondrent d'elles-mêmes car la ville n'existe pas plus que toute autre ville destinée à vendre des fantasmes. Et Beyrouth ne se distingue pas de Las Vegas ou de Macao. Seules quelques photos de

1. Dans *Where the Spies are (Passeport pour l'oubli)* (1966), l'agent secret (David Niven) est délivré par un hélicoptère : on ne s'en sort que par le haut.

légende, des images de l'indigène, de l'Arabe, rappellent que la ville se trouve en Orient. C'est le plus mauvais scénario : celui qui fait de Beyrouth la ville de tous les échanges au point de disparaître corps et biens comme lieu, celui qui laisse croire que Rachid peut régner sur le monde dans *Ombres sur le Liban* (1967). Quand la seule loi est celle de l'échange[1] entre escrocs ou voyeurs, les images ne montrent plus rien et Beyrouth survit en s'exhibant, en imitant ainsi la fausse transparence du marchandage sexuel. A moins que, capitale internationale échappant aux rapports de force entre des puissances, elle ne soit utilisée par celles-ci pour y opérer des transactions : dans *Embassy* (1972), un espion soviétique cherche asile à l'ambassade américaine, mais il va provoquer un conflit entre l'ambassade et la CIA.

Les seules règles du jeu acceptables sont celles du capital ou de l'équilibre des puissances en temps de guerre froide. Mais, à l'image de la ville elle-même, ces règles sont souvent transgressées, trahies, violées : Beyrouth est peut-être moins le lieu de la transparence (le soleil et l'hôtel de béton, l'eau de la piscine) que celui où la lumière méditerranéenne et les lois de l'échange du capital et du sexe sont travesties, détournées. Beyrouth, ville de tous les fantasmes, est aussi le royaume des agents doubles. Rien n'est sûr en dépit des cartes postales. *Les espions meurent à Beyrouth*, c'est le titre d'un film de 1965.

La ville à tombeau ouvert

Si la ville ne se montre guère dans les scénarios policiers qui sont légion, elle ne s'en manifeste pas moins avec intensité et finit même par devenir active. La ville invisible exerce une énergie souterraine et secrète qui prend à revers l'étranger qui se laisse happer insidieusement.

Le rythme urbain ne trompe pas puisqu'il prépare l'aspiration par le bas. A peine arrivé, l'étranger pressent le danger : il se précipite dans des grosses voitures qui parcourent la ville à tombeau ouvert comme si le moindre arrêt, une trop longue halte pouvaient mal se terminer. Si les scènes de voiture – qui prennent le relais de l'avion – sont innombrables, il ne faut pas y voir la séquence obligée du genre

1. Voir *Only When I Laugh* (1968) avec David Hemmings (le héros d'*Orange mécanique* de Kubrick…) et Ann-Margrett.

policier : la voiture montre que la ville est ressentie comme une menace et surtout que l'étranger ne pourra pas la voir, trop empressé qu'il est à passer d'un havre à un autre, d'un hôtel à une ambassade ou à un casino. La ville parcourue à toute vitesse se montre d'autant moins qu'elle fait peur.

Une fois projeté dans la ville de tous les dangers, l'étranger court le plus vite possible, sa hantise est de s'arrêter dehors, il cherche à rejoindre un « intérieur » qui le protège, mais son intérieur se confond avec l'hôtel, il n'entrera nulle part dans la ville.

Celle-ci disparaît physiquement dès qu'on y arrive, elle se montre d'autant moins qu'elle prend en otage ceux qui y débarquent. La ville de Beyrouth se cache : toujours les mêmes axes parcourus, les mêmes itinéraires, la même forêt de cèdres traversée qu'il faut parcourir pour rejoindre l'aéroport, toujours la place des Canons, le centre-ville qui aspire toutes les images et sera la première victime de la guerre... Une scène significative montre la voiture d'un détective : celle-ci, prise dans la foule, l'oblige à abandonner son véhicule et à s'enfuir en courant pour conjurer la menace d'une horde humaine prête à l'étouffer.

Les images véhiculées par le « cinéma de Beyrouth » courent sur l'écran selon un double rythme. Au rythme aéronautique de l'avion qui atterrit et encercle la ville – symbole du regard jouisseur de celui qui vient du dehors – succède le rythme plus rapide de l'automobile qui traverse la ville au son de la sirène ou du klaxon. L'image ne vient plus encercler la ville, elle la pénètre avec une grande violence, mais la ville est invisible, on la traverse le plus vite possible. Le temps de passer d'un lieu protecteur à l'autre. S'y arrêter trop longtemps, se perdre dans des lieux inconnus reviendrait à disparaître corps et biens... On ne s'aventure pas dans Beyrouth.

Surgissements

Mais cette ville, dont l'étranger ne voit rien d'autre qu'un mur de béton à travers les vitres de sa voiture, ne se montre-t-elle aucunement, n'y a-t-il vraiment aucun signe à glaner, perdu entre deux images ? Beyrouth n'est sensible que dans des images de foule – l'exemple le plus surprenant est le groupe de religieux qui suivent à grands pas un sage dans la rue – qui montrent corporellement, sous la forme d'une agrégation de corps, que la ville est habitée. Défaillance du scénario occidental : quelques images insinuent que des corps sont susceptibles d'incarner une ville qui se confond avec les hôtels de béton où se retranchent les corps étrangers. Si ces corps discrets, passés rapidement sur l'écran, sont le signe de l'existence de la ville, ils en accentuent le côté mystérieux puisque, à l'image du messager qui annonce qu'il n'y a rien à voir, ce sont des visages anonymes, silencieux qui se montrent dehors pour paniquer l'étranger, lui rappeler qu'il n'est pas chez lui.

La ville se montre peu au-dehors – celui-ci est occupé, colonisé par les images d'un scénario étranger – sinon sous la forme très orientale de la rue envahie par la foule ; elle aspire à se replier vers l'intérieur, vers les intérieurs. Si elle apparaît si étrange à l'étranger qui veut en capturer les dehors, les apparences et les dessous, c'est qu'elle survit érotiquement derrière les murs de béton dans les intérieurs. Mais ces intérieurs sont impénétrables pour un regard étranger qui ne peut que les approcher, les goûter par procuration dans les boîtes de nuit qui sont la seule médiation nocturne entre le corps étranger et le corps invisible de la ville. Dans ces lieux sans lumière où les regards se préservent les uns des autres se devine la ville à travers la femme qui la symbolise. La femme « orientale » prête à se vendre, à se donner, la femme qui danse est aussi une femme qui chante et fait entendre la voix de cet autre monde qui se cache à l'intérieur. Cette ville sans images n'est que bruits (la circulation et la foule) ou une voix (la femme qui chante dans une boîte de nuit orientale), est-ce un hasard ? D'une part la voix fait entendre la passion de la ville, ici confondue avec l'Orient, elle renvoie au fond du corps de la ville et en accentue le caractère passionnel. D'autre part la voix de la femme orientale se substitue à la défaillance des images qui n'ont rien à montrer. Baalbek, ville de danse, de musique et d'opéra, est le prolongement naturel d'une ville qui s'exprime dans le chant[1].

1. A propos de Baalbek, voir les documentaires consacrés au spectacle de Maurice Béjart et la *Salomé* (1971) de Werner Schroeter.

« La boîte orientale »

Le corps étranger est dans une situation paradoxale : s'il ne peut s'arrêter nulle part dans la ville, ni dans la rue, ni dans les intérieurs, il peut rencontrer la ville dans la boîte orientale qui assure une médiation. Mais celle-ci est dangereuse car le lieu même de la mauvaise rencontre : soit la rencontre fatale avec une femme adorée spontanément, soit la rencontre d'un double local qui vient perturber les plans de l'agent secret. C'est au sein de la boîte que le scénario trouve un prolongement indispensable : ou bien le début d'une histoire passionnelle qui se termine mal, ou bien la rencontre entre deux agents doubles qui vont relancer la séquence policière. Dans l'un et l'autre cas, la mauvaise rencontre se retourne contre les protagonistes... qui se sont rencontrés dans un caveau. On commence alors la descente au fond de la ville, c'est-à-dire à creuser son tombeau dans les souterrains. Alors qu'il pensait « nouer un contact » avec la femme ou avec un autre agent, pénétrer à l'intérieur de la ville, le corps étranger inaugure sa chute. Il y a bien une frontière dans la ville.

L'étranger n'a pas le droit de pénétrer à l'intérieur, dans l'un de ces intérieurs où la ville survit. Ce n'est pas un hasard si de nombreux films s'arrêtent sur les façades, les porches, les entrées des demeures beyrouthines ou hantent les boîtes de nuit et bars qui sont l'antichambre des intérieurs interdits. La ville n'existe que par ce qu'elle recèle et ne montre pas, et les images de Beyrouth sont d'autant plus obscènes qu'elles n'en montrent rien au premier abord. Ce paradoxe du « cinéma de Beyrouth » est le ressort de la tragédie beyrouthine. La ville est d'autant plus intériorisée par ceux qui y habitent que l'extérieur, le dehors, ne leur appartient pas. Plus encore : celui qui croit ravir la ville du dehors n'en jouira jamais car il la ressent comme une menace. Quand il s'en approche dans la boîte de nuit, il n'a plus qu'à se laisser ravir par la passion impossible dans le film exotique ou succomber à l'adversaire dans le scénario policier. Mais l'un et l'autre se recoupent fatalement.

Il y a un blocage de la ville, blocage des images et de son image, qui donne lieu à une double aspiration vers le bas (la fascination de l'intérieur) et vers le haut. On tombe de plus en plus bas (la passion nocturne ou la série policière) ou bien on cherche à s'en sortir par le haut.

Happé vers le bas, l'agent double se retrouve souvent au fond de l'eau, il est jeté à la mer, comme si la ville rappelait qu'elle avait un environnement, comme si l'eau reprenait le dessus alors qu'on l'avait survolée en la tenant pour un élément dérisoire.

Happé vers l'intérieur, vers les espaces interdits, l'étranger entreprend de pénétrer la ville grâce à la médiation féminine qui incarne l'intérieur de la ville et le caractère passionnel de Beyrouth.

Happé vers le haut : l'étranger cherche à s'enfuir avec un hélicoptère comme dans *Flash*.

Mais en se tournant vers le haut, le corps étranger s'apercevra peut-être qu'il y a des montagnes alentour. Ces pentes qui environnent Beyrouth, et que le scénario occidental ne montre pas, ne sont pas sans importance : c'est de là que viennent les habitants de Beyrouth ou qu'ils vont se réfugier quand la violence embrase la ville. C'est peut-être de ces montagnes que le cinéma autochtone parle. Mais y a-t-il un cinéma beyrouthin qui compense le scénario du « cinéma de Beyrouth » ? Nous fait-il voir la ville ? Parvient-il à nous montrer qu'elle n'est pas un îlot condamné à se replier vers l'intérieur, et qu'elle jouit d'un environnement, d'une histoire ?

Le cinéma beyrouthin : les passions de l'intérieur

S'interroger sur l'apport des films arabes qui ne se contentent pas de singer le scénario occidental[1] – et ils sont nombreux – ou de se complaire dans la présentation d'une Beyrouth obscène (*Kitat Chareh el-Hamra*, 1971, ou bien *Zihab*, 1972) revient à se demander comment le cinéma beyrouthin parvient à riposter au cinéma de Beyrouth. S'il s'y oppose ou s'il le prolonge involontairement en nous montrant pourquoi l'intérieur de Beyrouth demeure secret, tenu à la lisière ?

On peut distinguer plusieurs variantes de ce « cinéma beyrouthin » : les films qui se passent à l'extérieur de la ville, ceux qui montrent sous une forme comique la vie beyrouthine, et ceux qui s'insinuent dans les zones interdites au regard de l'étranger, ces intérieurs

1. Exemple parmi d'autres : *Interpol fi Beirut* (1967), ou *Farewell to Lebanon* (1966), histoire d'un amour impossible entre un Libanais et une journaliste américaine.

où se tapit la passion beyrouthine. Si les deux premiers types de films permettent de déployer une autre image de la ville qui n'est cependant jamais loin de la dérision, les films intérieurs sont paradoxalement ceux qui convergent le plus avec « le cinéma de Beyrouth » puisque la passion y tourne le plus souvent mal et déclenche des violences qui, si privées soient-elles, ont vite fait de ressembler aux violences du scénario policier et de laisser la place à une véritable guerre d'où la ville sortira ruinée. Simple objet de photographie pour des regards faussaires ou fascinés par l'horreur.

Beyrouth, la ville des métamorphoses

Le cinéma beyrouthin qui met le mieux en scène la ville est inséparable d'un mouvement spatial, d'un va-et-vient entre un dedans et un dehors. A la différence de l'étranger qui débarque, vient d'un ailleurs anonyme ou remplit la fonction d'agent secret (simple numéro de code), les personnages du cinéma beyrouthin arrivent d'une autre ville du monde arabe (essentiellement de la ville-phare, Le Caire) ou bien du désert. Le cinéma beyrouthin inscrit Beyrouth dans l'espace arabe ou libanais[1].

Symboles de l'écart et du mouvement, ces films donnent corps à Beyrouth tout en la réduisant à un lieu de passage. Aussi bien dans *Un Égyptien au Liban* (1952) que dans *Ajmal Ayam Hayati* (1973), Beyrouth est la ville où l'on se rend pour se transformer, pour oublier un chagrin d'amour et se métamorphoser. De même, les films bédouins exposent une relation entre Beyrouth et la montagne ou le désert, mais l'écart est toujours lié à une situation d'échec affectif qui fait de la ville un lieu quasi magique dont on attend une métamorphose, qu'il guérisse un mal qui n'est pas toujours synonyme de mal d'amour. Dans cette optique, la ville est l'espace « sacralisé » dont on attend une capacité de métamorphoser l'individu.

Mais quel est l'opérateur de la métamorphose ? La plupart du temps celui qui arrive à Beyrouth pour oublier ses chagrins tombe sous le coup d'une passion féminine. Lui aussi est fasciné par la dan-

1. Mais l'homme du désert peut mettre Beyrouth entre parenthèses, d'où le départ au Caire ou même à Paris pour oublier (*Bedouin fi Paris*, 1964). Il y a donc un double mouvement d'aller-retour entre la ville et le désert, dans un sens ou dans l'autre.

seuse, l'actrice, la femme en représentation – nombreux sont les films comme *Loubnane fi al leil* (1962), *Le Grand Amour* (1969), etc., où le personnage principal tombe amoureux d'une danseuse, d'un chanteur ou d'une chanteuse (Fairouz)[1] –, mais la danseuse, la femme de la passion, se promène dans la rue, elle n'est pas seulement « visible » dans l'obscurité de la boîte de nuit orientale.

Cette variante du cinéma beyrouthin ne correspond cependant pas à un cinéma de l'intérieur : cinéma de la métamorphose et de la passion, il rencontre souvent le monde de la représentation théâtrale. Ce cinéma de la métamorphose n'est pas sans analogie avec tous les films où les personnages se travestissent, changent, se déguisent : dans *Misk wa Ambar*, par exemple, un jeune homme se travestit pour accueillir des jeunes filles. La ville qui rend possible la métamorphose et doit guérir du mal d'amour est aussi la ville où les identités sont fragiles, flottantes, où les individus sont constamment en représentation. Pas étonnant que la ville échappe là encore : elle est condamnée à se dédoubler avec des habitants qui sont le plus souvent de passage, en transit. Celui qui vient « d'ailleurs » a une demande folle de transformation radicale[2], celui qui vit à Beyrouth est un personnage en proie à des changements permanents qui se traduisent par la capacité à se déguiser, à changer d'apparence[3]. La ville de toutes les métamorphoses ne donne pas lieu par hasard à un cinéma comique qui s'appuie sur les personnages et types traditionnels de la comédie arabe[4]. Tel est le premier versant du cinéma beyrouthin : un cinéma de la métamorphose (thème de la passion ou de la guérison de la passion) et du dédoublement permanent des identités. Il en ressort que le cinéma qui montre la vie publique est d'autant plus en proie au démon de la métamorphose (tragique ou comique) que le personnage qui se montre, s'exhibe, ne dit rien de lui-même, de sa vie privée et de l'intérieur des murs de la cité.

1. Ce n'est pas par hasard que Juliette Gréco joue le rôle de la femme fatale dans la deuxième version de *La Châtelaine du Liban*, celle de Richard Pottier (1956).

2. Dans *Idan Man Marati*, c'est un homme amnésique qui arrive du désert où il a été recueilli par une famille bédouine.

3. Un film policier proche du scénario à l'occidentale montre un aveugle chef de gang et un policier amateur de déguisements (*La Jaguar noire*, 1965).

4. Voir *Akher el-Seif* (1980), film où des personnages traversent la ville en chantant et dansant.

Une passion sacrée : la généalogie

Si l'on vient à Beyrouth pour se transformer dans les films qui viennent d'être évoqués, il y a deux autres types de films beyrouthins qui sont les uns et les autres liés à la généalogie. La plupart du temps une histoire passionnelle y rencontre la généalogie et la loi du clan.

Les premiers tentent de renverser le poids familial par des comédies sociales où la hiérarchie est renversée pour mieux signifier l'indépendance et la liberté des individus. Le scénario met souvent en scène des marchands de journaux, c'est-à-dire des gens qui travaillent, des libraires, des gens qui ont une profession noble et valorisent l'écrit plutôt que l'oralité[1] : ce ne sont plus les personnages caricaturaux de la comédie arabe. Ce sont les films qui montrent le plus Beyrouth : les amoureux qui cherchent à détourner la loi de leur communauté familiale se rencontrent, non pas dans les intérieurs qui sont interdits aux étrangers, mais dans des jardins, dans des parcs, dans ces espaces libres de la ville qui ne sont ni les hôtels en béton, ni les intérieurs familiaux.

Quant aux films les plus passionnels, ils mettent à nu la passion impossible et la loi familiale. Souvent tournés à distance de Beyrouth, ils se déroulent fréquemment dans la montagne. Exemplaire, la scène de mariage qui a lieu sur un sommet d'où l'on voit Beyrouth au loin : la loi familiale n'est jamais aussi visible et heureuse qu'à distance de la ville, et inversement la passion familiale ne déclenchera jamais autant de violences que dans l'enceinte beyrouthine en cas d'adultère ou de refus de se soumettre à la loi du clan. La plus grande violence beyrouthine est celle qui explose dans l'espace familial quand la passion y devient insupportable (toujours ce qui vient de l'extérieur, la figure même de l'altérité : la passion blesse corporellement les amants mais elle perturbe simultanément la communauté qui refuse l'étranger). Ce cinéma de la passion beyrouthine invite le regard à sortir de Beyrouth comme si la ville ne pouvait pas se voir de l'intérieur.

1. Voir *Les Aventures de Chouchou* (1966), *Habibati* (1973) et *Un élan de tendresse*.

Le « cinéma de Beyrouth » éclaire en retour le « cinéma beyrouthin ». Il ne suffit plus de dire que Beyrouth se protège à l'intérieur du regard prédateur, la ville se préserve également des conflits qui surgissent immanquablement quand les membres de la famille s'exposent au-dehors à de mauvaises rencontres. C'est le double visage de la passion beyrouthine : la passion vécue dans la cave beyrouthine par l'homme du dehors qui croyait s'emparer de la ville d'un coup d'œil ; la passion vécue dans les intérieurs par le corps familial quand l'honneur est mis en cause par une alliance amoureuse vécue comme passion impossible.

De la ville au désert

> « Mais dans le désert, il est aisé de perdre le sens des frontières. Quand je suis tombé du ciel pour m'écraser dans le désert, dans ces creux jaunes, je ne cessais de me répéter : je dois construire un radeau... » (Michael Ondatjee, *L'Homme flambé*).

Si les deux cinémas ne se rejoignent pas thématiquement, l'un et l'autre génèrent la violence : soit la violence externe du scénario policier qui fait de Beyrouth une plaque tournante de la drogue, des règlements de compte entre services secrets ; soit la violence familiale qui part de l'intérieur pour dévaster progressivement la ville. Si la première violence se jouait de la ville dont elle devenait vite la victime, la seconde va progressivement créer le désert autour d'elle[1], sortir de l'intérieur pour brûler le monde public et saccager tous les espaces de rencontre. Ainsi, la violence part de l'intérieur des maisons ou descend de la montagne pour empêcher que Beyrouth soit une ville. Il faut faire de la ville un désert, métamorphoser les demeures et les hôtels de béton en champs de ruines ressemblant étrangement à des amas de ferraille en plein désert. *Les Petites Guerres* (1982) de Maroun Bagdadi, autant de guerres imaginaires qui abîment les esprits, se métamorphosent en une guerre, celle-ci aussi vraie qu'in-

1. C'est dans le désert que surgit la violence passionnelle (*El-Kahiran*, 1966), que l'on se retire (*El-Fahiz el-Chokri*, 1960) et que les corps étrangers ont une chance de se rencontrer (*El-Badaouia al-Achicha*, 1962).

terminable, qui lacère la ville et la réduit à un amas de gravats et d'obus. Les images sont significatives : les places publiques incendiées comme le désert après la guerre contre l'Irak, un ciel qui n'est pas vide mais une constellation lumineuse provoquée par des obus et des tirs qui ne s'arrêtent jamais, des intérieurs qui se découvrent enfin progressivement pour dévoiler le vide qu'il fallait défendre [1]. Le haut et le bas en sont retournés [2] : d'une part, le bas vise le haut, il faut tirer le plus haut possible comme si l'ennemi n'était pas là mais venait d'ailleurs, toutes les photos de la ville embrasée regardant la guerre comme un feu d'artifice obscène se passent de commentaires. D'autre part, le haut creuse le bas comme si l'énergie destructrice de la ville ouvrait toutes les cavités, les souterrains, et qu'il n'en restait plus rien qu'un immense trou, un tombeau sans fond creusé par les obus qui retombent après avoir tourbillonné dans le ciel pour éclairer un monde qui ne voit plus rien et ne regarde plus nulle part. Quand il n'y a plus de différence entre haut et bas, entre dehors et dedans, ce sont tous les repères symboliques qui s'effondrent, à commencer par les balises urbaines vite remplacées par une ligne de démarcation qui fait office de frontière impossible.

Telle est la véritable substance du second scénario de la disparition : non plus le scénario de l'étranger qui s'aventure dans la ville, mais celui de la disparition même de Beyrouth, de sa destruction interminable. Et d'autant plus qu'on ne sait pas où la ville commence et où elle finit. Quand les souterrains remontent à la surface, le ciel apparaît comme l'envers d'un sol miné. Alors que les frontières du dehors et du dedans, mais aussi du haut et du bas, se troublent, la guerre prend le dessus. Le ciel crépitant des photographies de « faussaires » est l'image inversée des ruines urbaines, un incendie inutile qui fait passer la lumière de bas en haut pour mieux montrer qu'il n'y a plus rien à voir en bas. Mais cette guerre de l'intérieur se transforme vite en

1. Voir les photos de Houda Kassatly – exposées à l'IMA en 1992 – qui montrent des intérieurs éventrés, offerts aux prédateurs qui mènent leur assaut de l'extérieur.

2. Le travail de la photographe Sophie Ristelhueber le montre bien : les analogies sont frappantes entre ses photos de Beyrouth – voir *Beyrouth photographies*, Hazan, 1984 – et ses photos du champ de bataille irakien après l'opération « Tempête du désert » – voir *Fait*, Hazan, 1992.

guerre-spectacle qui satisfait le regard prédateur. Inutile de se déplacer, nous dit le journaliste du *Faussaire* (1981) de Viktor Schlöndorff, la mort peut être vécue par procuration, en direct, on peut même l'acheter. Face à ce cinéma de guerre du troisième type, le cinéma militant qui met en scène la militance palestinienne ou les conditions de vie des personnes déplacées dans les camps apparaît fort lointain. Et on ne fait que passer très vite à Beyrouth dans *La Petite Fille au tambour* (1984), l'adaptation du roman de John Le Carré.

Beyrouth, proie du visuel ?

Dans *La Châtelaine de Beyrouth*[1], une femme du monde avertit l'officier qu'au Liban le héros est un salaud. Si « le cinéma de Beyrouth » et « le cinéma beyrouthin » sont proches et partagent une même perception de la ville impossible, ils ne peuvent pas se rencontrer : l'un part du dehors et bute sur l'intérieur d'une ville invisible, l'autre part de l'intérieur pour empêcher qu'une vie publique soit autre chose qu'un échange entre des communautés ou des groupes armés. Le film de Bourhane Alouei *Beyrouth la rencontre* (1983) est quant à lui un testament cinématographique : il met en scène deux enseignants issus de communautés différentes qui pensent à l'intérieur d'eux-mêmes que la passion n'est peut-être même plus possible.

Beyrouth : la ville-passion, la ville explosive par excellence, a donné naissance à des images qui ne renvoient finalement plus à rien d'autre qu'à elles-mêmes. Ce que Daney appelle le « visuel » n'y est pas étranger… Beyrouth est devenue la proie de toutes les images, dévorées par les flashes et les projecteurs. Mais on ne peut plus tourner de films à Beyrouth, il faut s'exiler comme Bagdadi et transposer l'histoire de Beyrouth à Paris, il faut écrire des récits comme Elias Khoury pour se libérer de la profusion obscène des images. Il faut faire mémoire[2], photographier les ruines d'une ville avant que la

1. Ce film dont on connaît deux versions (1930 et 1956) est l'un des rares à faire le lien entre les deux « scénarios de la disparition » : l'histoire d'amour d'un Anglais et d'un Français pour une même femme fatale « orientalisée » est ici la préfiguration de la passion impossible entre deux amants beyrouthins. Mais *Yamilé sous les cèdres* (1938) est le scénario le plus anticipateur puisqu'il mêle passion et violences familiales entre Européens et Arabes.

2. Voir un court-métrage au titre significatif (il montre la hantise et le mépris du franc-tireur) réalisé récemment : *Ombres sur le désert* (1990).

reconstruction laisse croire qu'il ne s'y est rien passé, sinon ce que l'on voyait dans le cinéma de Beyrouth. Celui d'hier bien sûr. Mais Beyrouth aujourd'hui a ses doubles ailleurs. A Sarajevo par exemple.

ANNEXE II

Mensonge des images et fanatisme aveugle

(« Le Malin », de John Huston)

LA RÉFLEXION sur le péché, le fanatisme, le mensonge et la vérité inspirée du roman de Flannery O'Connor, *La Sagesse dans le sang*, s'accompagne, dans *Le Malin*, de John Huston (*Wise Blood*, 1979), d'une méditation sur l'espace et les images parfaitement maîtrisée. Faut-il s'en étonner ? Fanatisme, violence, mensonge et images : voilà autant de questions qui tendent à se superposer, voire à se redoubler. Pourquoi le fanatique en vient-il à s'aveugler, à refuser de voir le monde ? Parce qu'il ne croit plus dans un monde où tout lui semble faux. Le fanatique nous éclaire involontairement sur un monde qui devient incroyable et mensonger quand y règnent des images qui n'ont plus rien à voir avec lui. Quand il n'y a plus rien à voir... le fantatisme et le mensonge ne sont pas loin. Cette histoire de pasteur puritain n'est donc pas par hasard une fable sur les images, la violence et le mensonge.

● ● ● ● ●

Quitter l'enclos

Dès la première séquence se succèdent des scènes très fortes : le jeune Hazel Motes qui revient de l'armée fait un pèlerinage à la ferme de son enfance, cet « enclos » dans lequel il a été éduqué par une famille puritaine dominée par le personnage du grand-père : « Ce prédicateur ambulant était un vieillard coléreux comme une guêpe qui avait parcouru trois comtés avec Jésus dans la cervelle en guise d'aiguillon. » Celui-ci a châtié Hazel quand il était enfant, il l'avait alors condamné aux flammes de l'enfer pour avoir reluqué une Salomé à moitié nue dans un cercueil, cela se passait sous l'une de ces tentes foraines où les pasteurs évangélistes regroupent leurs fidèles quand ils n'ont pas les moyens de s'offrir un temple.

Et voilà ce que des rêves, des souvenirs nous apprennent au cours du film : ayant commis le péché de lubricité, Hazel Motes a été puni, il a été condamné à marcher avec des cailloux dans ses chaussures pour se repentir. « Vous êtes comme des pierres, hurlait le grand-père, mais Jésus est mort pour vous racheter. » Le rachat et la rédemption sont le nerf de l'ouvrage de Flannery O'Connor[1] : « Jésus éprouvait pour les âmes un amour d'une telle voracité qu'il était mort – une mort pour les sauver toutes –, mais pour en sauver une seule *Il* n'aurait accepté de mourir avec toutes les autres. Est-ce qu'ils comprenaient que, pour chaque âme de pierre, *Il* aurait accepté de souffrir dix millions de morts. »

Hazel se rend donc à la ferme d'Eastrod mais il ne reconnaît plus la route, le fermier des environs qui le dépose à mi-chemin lui apprend que les gens du coin sont désormais tous partis à la ville. Tout a changé. Le monde de son enfance et de son éducation « religieuse » a été déserté, ses proches ont fui vers les cités industrielles de la région. Hazel Motes franchit d'un bond la barrière de l'enclos et pénètre dans la ferme abandonnée qui ressemble à une immense grange à moitié détruite. Au terme de ce pèlerinage il s'arrête devant un objet poussiéreux, la commode sur laquelle il griffonne un message. « Cette commode appartient à Hazel Motes. Ne la volez pas ou vous serez pourchassé et tué. »

Cette séquence de l'intérieur de la ferme organise la suite du film : tout est sombre, on ne voit pas grand-chose, les fenêtres ont été barricadées, on est aveuglé, on ne voit rien à l'exception d'un rayon de soleil qui transperce des murs délabrés. Dans l'enclos puritain, la loi de Dieu aveugle, il n'y a rien à voir, les yeux ne servent à rien et Hazel Motes se souvient qu'il a été puni pour avoir vu de trop près le corps d'une femme[2]. Durant cette séquence, la lumière qui vient du dehors

1. Flannery O'Connor a vécu dans le sud des États-Unis en Géorgie (1925-1964), elle a publié deux romans, *La Sagesse dans le sang*, *Et ce sont les violents qui l'emportent*, ainsi que des nouvelles et divers essais, tous traduits chez Gallimard. Je cite des passages de *La Sagesse dans le sang* quand ils s'accordent au film de Huston et viennent l'éclairer.

2. Sur le thème de l'enclos dans l'imaginaire puritain, voir les travaux de Pierre-Yves Pétillon, et le dossier que lui a consacré *Esprit*, novembre 1986.

éclaire l'intérieur avec violence, tandis que dans le roman « la maison était aussi noire que la nuit sur laquelle elle s'ouvrait ». Le film veut correspondre à un apprentissage du regard, une éducation aux images et à la lumière, quand le roman ne cherche pas à sortir du noir de l'enclos pour mieux en dénoncer l'aliénation.

Dans le film, Hazel Motes est effectivement ébloui par l'intensité du soleil quand il sort de la ferme ; on saisit alors ce qui intéresse Huston : peut-on sortir de l'enclos, et surtout peut-on voir au-dehors, y a-t-il quelque chose à voir à l'extérieur ? Peut-on échapper au châtiment de l'enfance, et se libérer d'une éducation puritaine ? Quand Hazel quitte l'enclos en s'arrêtant quelques secondes dans le petit cimetière où son pasteur de grand-père est enterré, on peut imaginer qu'il partage ces interrogations.

Cette dernière visite à la ferme est moins un pèlerinage qu'un adieu, Hazel Motes ne s'agenouille pas devant la tombe du pasteur, il passe devant en la regardant subrepticement. Désormais, il revendique le droit de voir par lui-même et d'exercer son regard. L'adaptation cinématographique se libère alors du texte de la romancière sudiste et catholique : pour elle il faut dénoncer le mensonge des faux prédicateurs évangélistes, mais il n'est pas question de renoncer à la rédemption ; « pour moi, a-t-elle écrit, le sens de la vie repose dans la rédemption du Christ, et ce que je vois dans le monde, je le vois en relation avec cette conviction… A mon avis, les écrivains qui voient le monde à la lumière de leur foi chrétienne seront ceux qui auront les meilleurs yeux pour saisir le grotesque, le pervers et l'inacceptable ».

Pour John Huston, ce n'est pas, me semble-t-il, la dérision de l'évangélisme et du fanatisme qui est essentielle, mais la possibilité de créer un monde où le rachat et le repentir de l'âme ne viennent pas aliéner l'individu. Le film pousse le roman à bout, Hazel deviendra un fanatique et un criminel, mais celui-ci n'avait plus rien à racheter, il se battait seulement contre l'idée que la rédemption mène le monde. C'est bien l'interprétation que Huston suggère à Michel Ciment : « Il me semble que c'est l'histoire d'un jeune homme qui tente de se révolter. C'est comme si quelqu'un se remettait d'une maladie, luttait contre quelque chose qui l'a mordu dans son enfance. Essayons de le dire plus clairement : il a été captivé par l'idée du Christ quand il était enfant et il en a souffert, il a essayé de se soigner en niant l'existence de Dieu. C'est une révolte courageuse, mais il échoue, le drapeau à la main. »

Devenir malin

Après son pèlerinage à la ferme, Hazel Motes décide de rejoindre la ville de Tsulkinham pour y vivre dans l'oubli des châtiments de l'enfance, et devenir un homme libre. « Le train filait entre des cimes d'arbres qui s'effaçaient par intervalles pour permettre à un soleil très rouge de se montrer à la lisière des bois lointains. »

Suffit-il de se déplacer dans l'espace, de voyager pour échapper à l'enfermement, à l'enclos, au monde du péché ? Dans le train, Hazel est assis près d'une vieille femme qui lui demande s'il retourne chez lui, dans sa famille, « car rien ne vaut son chez-soi ». Depuis Ulysse on va généralement d'un endroit à l'autre pour mieux se retrouver chez soi. Et Hazel de répondre au contraire à cette femme qu'il va faire des choses qu'il n'a jamais faites ; *il va où il va*, dit-il en la scrutant d'un regard méchant avant de lâcher ces paroles : « Je suppose que vous vous croyez rachetée. »

Hazel Motes monte donc à la ville pour « voir de ses propres yeux » et se libérer du fardeau de la pénitence, il n'est pas un pénitent mais un « voyant » qui parcourt le monde, avec l'ambition de dévorer l'espace pour échapper à l'oppression de l'enclos. « Même si Jésus existait, je ne croirais pas en lui. Même s'il était dans ce train. » Tout au long du film, il n'arrêtera pas de dire qu'il voyage, qu'il va où il va. Le mouvement général du film est esquissé, Hazel Motes cherche à se libérer effectivement de l'enclos, de l'enclos de la ferme mais aussi de l'enclos de la ville qui peut reproduire celui-ci, pour trouver le temps, « son » temps. Mais l'espace va très vite s'enrouler autour de lui et l'asphyxier, l'espace oppresse d'autant plus dans le monde puritain qu'il n'est pas possible d'y accéder à la dimension du temps toujours lié à la chute hors de l'enceinte sacrée.

Avant de s'installer chez une prostituée pour s'enfoncer dans la chair et défier le péché, il achète des habits qui le font ressembler à un pasteur. Le chauffeur de taxi qui le conduit chez la prostituée ne s'y trompe pas, il le soupçonne d'être un « malin », de prêcher contre le mal et de pécher. « Y a personne dans ce bas monde, les pasteurs pas plus que les autres, et c'est plus facile d'expliquer aux gens que le péché c'est une chose terrible si on en a soi-même quelque expérience. » Hazel réplique violemment qu'il n'est pas un pasteur et qu'il ne croit en rien. Comment persuader les gens qu'il ne croit en rien ? Comment leur faire croire qu'il ne croit en rien ?

Hazel a dû épouser le masque d'un pasteur et en endosser les frasques car il est en mission, il doit expliquer qu'il ne croit en rien et que le Christ n'est pas mort pour sauver les autres hommes de leurs péchés puisqu'il n'y a pas de péché dans ce monde. Si Flannery O'Connor montre comment l'Antéchrist devient un fanatique par excès de sincérité, Huston décrit pour sa part l'épreuve et les contradictions de celui qui tente une sortie hors de la religion :

« Je prêche ici des vérités de toutes sortes : la vôtre et celle des autres, mais, derrière toutes ces vérités, il n'y a qu'une seule vérité, et c'est que la vérité n'existe pas.

« Pas de vérité derrière toutes ces vérités : voilà ce que je prêche dans mon église. L'endroit d'où vous venez n'existe plus, celui où vous pensiez aller un jour n'a jamais existé, et celui où vous êtes ne vaut quelque chose que si vous pouvez en partir. Où donc se trouve-t-il l'endroit où vous pourrez vous arrêter ? Nulle part. »

S'en prendre à l'idée de vérité conduit à un mouvement incessant, à une extrême mobilité dans l'espace, à se défendre de tout lieu. Il ne faut surtout pas s'arrêter.

Mais ce mouvement perpétuel, cette course éperdue dans l'espace accompagne la parole qui invite les crédules à ne plus croire aux mensonges. Comment concilier le mouvement spatial et le temps de la prédication ?

L'anti-pasteur veut s'adresser aux autres pour dénoncer le scandale du sang du Christ, d'une Église qui fait des hommes des êtres de pénitence. Et il fonde en parole « l'Église de la vérité sans Jésus-Christ en croix », « l'Église de Jésus-Christ sans Jésus-Christ ». Pour faire entendre qu'il ne croit en rien, il prêche et fonde une Église. Celui qui ne croit à rien devient malgré lui, malgré tout, un prédicateur.

Ce qui n'est pas sans conséquences. Il ne tarde pas à susciter en la personne d'Enoch Emery un disciple qui croit à ce qu'il dit et pour lequel la nouvelle Église doit trouver son Dieu, cette momie qu'il ira voler dans le musée local avant de l'adorer comme une nouvelle idole. Enoch, qui tourne autour de Hazel dans de magnifiques séquences où ils déambulent l'un et l'autre à travers la ville, ne comprend pas pourquoi celui qui prêche l'Église du Christ sans Christ, une Église où les hommes ne seront pas salis par le péché ni souillés par le sang de la pénitence, refuse de reconnaître sa momie, le nouveau Dieu. L'homme qui veut abattre les mauvaises croyances en invente contre son gré, il est devenu un prophète contre son gré. Ce qui n'est pas sans rappeler paradoxalement les propos du révérend Dimmesdale dans *La Lettre écarlate*, le classique de Nathaniel Hawthorne ; dans ce grand roman du puritanisme américain, le pasteur, culpabilisé d'avoir secrètement fait un enfant à Hester Prynne condamnée comme femme adultère, veut que ses fidèles comprennent qu'il est un homme vil, mais ceux-ci ne voient dans cet aveu qu'un signe supplémentaire de ses vertus. « Les gens n'allaient-ils pas tressaillir et, poussés par un même élan, courir l'arracher à cette chaire qu'il déshonorait ? Point du tout ! Ils écoutaient et ne respectaient leur pasteur que davantage. »

Enfin il est confronté à ce que lui apprend son regard : il suit partout Hawks, un prédicateur aveugle qui le fascine, et il le colle jusqu'à prendre une chambre chez la même logeuse ; il est hanté par cet aveugle qui mendie au nom de Jésus et représente pour lui le juste, le rival parfait, l'ennemi absolu, celui qui ne ment pas avec lui-même au point d'avoir pris la décision de s'aveugler et de ne plus rien voir.

Pour croire à ce qu'il dit, il faut bien qu'il ait un adversaire qui ne mente pas. Or, et tout va casser à ce moment-là pour Hazel, il découvre que Hawks voit derrière ses lunettes noires. Hawks ment comme les autres, il n'est pas aveugle. Comment croire à « rien » – quand ceux qui prétendent croire à quelque chose sont déjà des menteurs.

Et il observe également que l'art du mensonge est un vil marchandage dans le cas des prédicateurs professionnels qui font de l'argent avec la parole du Christ, ceux-là mêmes que Flannery O'Connor traque dans ses livres. L'un d'entre eux, Onnie Jay Holy, qui a saisi au quart de tour que l'idée d'une Église sans Christ est vendable et peut fournir l'occasion de glaner des dollars, propose à Hazel un marché qu'il refuse sèchement. Effondré, perdu devant cet océan de mensonges, Hazel se venge de façon criminelle en passant en pleine nuit avec les roues de sa voiture sur le charlatan qu'Onnie a embauché pour le remplacer. Ce minable lui dit avant de mourir qu'il a toujours menti, et qu'il a même dénoncé ses parents à la police.

A ce moment le regard, la capacité de voir d'Hazel, s'est déjà considérablement affaibli, et l'horrible mise à mort du faux prédicateur s'accompagne de cette imprécation : « Il y a deux choses que je déteste, c'est de faire semblant de croire et de ne pas croire à ce que l'on dit. » Les yeux brillants et nerveux de Hazel qui sont toujours exorbités vont se refermer : s'il n'y a rien à voir que du faux, de la tromperie, des mensonges et si la volonté de créer un monde où les hommes ne sont pas des pécheurs est vouée à l'échec, autant s'aveugler et ne plus rien voir puisque – selon sa logeuse qui scrute « ses yeux sans fond » – la mort est la cécité suprême. Mais il ne s'aveugle pas pour se racheter. Se racheter de quoi ?

Sortir de la ville

Le film est rythmé par deux séries d'images : les premières ponctuent la tentative d'une prédication nouvelle, ce sont des scènes de marche où la parole intervient toujours au terme du mouvement, une parole brève qui ne s'adresse qu'à une foule plus ou moins imaginaire car Hazel n'aime pas parler ; quand il est trop sollicité par la parole de la fille de Hawks qui ne cesse de l'entreprendre érotiquement ou par le bavardage d'Enoch Emery, il se lève pour aller ailleurs ou bien encore il marche plus vite comme si sa course de vitesse sur le macadam lui permettait d'oublier la souffrance des cailloux qu'il a supportés dans ses chaussures durant son enfance. Pour Hazel, la parole est fragile et faible, le destin du langage est le mensonge, il faut donc courir, foncer, parcourir l'espace, aller de l'avant.

La deuxième série d'images renvoie à cette volonté de se mouvoir dans l'espace qui répond à l'échec de la parole, au mensonge de la prédication.

Quand il ne marche pas, Hazel se trouve au volant d'une voiture en piteux état, une Essex qu'il a achetée pour une bouchée de pain dès son arrivée à la ville. C'est son habitation comme il dit, la voiture lui permet d'être libre et d'aller où il veut. « Quiconque possède une bonne voiture n'a pas besoin de justification. »

Quand Hazel ne passe pas son temps à poursuivre les prédicateurs ni à tenter d'échapper à ses disciples, il va faire réparer cette habitation mobile dans des garages. La voiture, c'est le mouvement, la liberté de traverser l'espace et de faire le tour du monde, c'est le moyen par excellence de sortir de l'enclos et d'aller de ville en ville pour prêcher. Seulement la technique ne suit pas : et à trois reprises, il va échouer à quitter la ville en raison de pannes techniques qui viennent redoubler celles de la parole. Désaveu d'un monde moderne dont les prouesses ne permettent pas de s'en sortir.

Une première fois sa voiture s'essouffle au milieu d'une côte et il ne lui reste plus qu'à faire machine arrière en roue libre ; la seconde fois, au moment où la fille de Hawks l'aguiche, sa voiture tombe en panne d'essence ; la troisième fois, après avoir découvert que Hawks était un menteur et labouré des roues de sa voiture le prédicateur fantoche, il est arrêté par un policier qui lui demande de le suivre jusqu'à un petit sommet d'où il pousse la voiture dans un lac. Celle-ci s'y engouffre et disparaît dans un tourbillon ; Hazel n'a plus aucune chance d'échapper à ce monde, la parole est un nid de vipères et l'engin dont il attend le mouvement et la liberté l'immobilise un peu plus. Que lui reste-t-il à faire ? Ne pouvant plus bouger, n'ayant plus rien à voir, il décide de s'aveugler. Mais dans ce nouvel acte fanatique, il n'y a aucune volonté de rachat. Il est un fanatique qui ne fait pas semblant, il n'a rien à racheter.

Le malin s'aveugle

Il ne peut plus bouger, il est toujours en apparence prisonnier de l'enclos, de ce lieu dont on ne peut pas sortir. Dès son retour chez sa logeuse, il achète de la chaux vive et s'inflige le châtiment que Hawks avait fait semblant de s'imposer. Il s'aveugle, il n'y a rien à voir dans un monde où tout est faux, où tout est simulacre.

Cette violence intérieure prolonge la violence extérieure dont il a fait preuve en tuant le prédicateur, il s'aveugle pour se libérer, il se met à voyager à l'intérieur de lui-même, il ne prêche plus et marche interminablement avec sa canne blanche, « il va où il va ». Il ne s'est pas repenti en s'aveuglant, il s'est libéré d'un monde où le mouvement et la vision ne s'accordent pas, puisqu'on ne voit que du faux, mieux vaut bouger sans rien voir. On peut suggérer cette interprétation qui s'accorde avec la démarche de Huston et prend à contre-pied celle d'O'Connor, pour laquelle Hazel retombe dans le fanatisme pour mieux se racheter.

Certes, il se flagelle et se mutile en s'entourant le corps avec des fils de fer barbelé, en remettant des cailloux dans ses chaussures. Retour à l'enclos, à la case départ, dira-t-on, l'Antéchrist est redevenu le pénitent qu'il refusait d'être. N'est-ce pas tout le poids du monde qu'il porte en lui ? Ne saigne-t-il pas des mensonges des autres ? Ce n'est pas le cas dans le film : quand sa logeuse lui demande de se marier avec elle s'il veut continuer à bénéficier de son hospitalité, Hazel, refusant ce marchandage, part sous l'orage et s'effondre au bord d'un hangar ouvert à tous les vents. Il sera ramené finalement par deux policiers chez sa logeuse, où il va mourir. Le hangar ouvert répond à la ferme sans lumière du début du film. Il a trouvé la lumière au-dehors, mais il aura fallu qu'il s'aveugle.

Pour être libre, il faut voir et bouger simultanément, le film bouge tout le temps, c'est le rôle et la finalité de l'image, et nous apprenons à voir le monde en même temps que Hazel Motes. Comme les yeux ne voient que du faux et des simulacres, le corps s'immobilise. Le voyage à l'extérieur devient un voyage intérieur qui se solde par la mort.

A trop regarder on s'aveugle et il n'y a plus d'images à regarder. Hazel croyait que ceux dont il veut s'émanciper étaient de vrais pénitents, et c'est parce qu'il n'en croit pas ses yeux qu'il s'aveugle. Il n'y a rien à voir, ni vrai, ni faux.

Si l'on regarde bien le film de Huston, le mouvement apparaît comme un faux mouvement qui nous ramène toujours dans l'enceinte, Hazel s'est projeté au-dehors, il a voulu regarder en marchant, en voyageant, et il n'a jamais vu que la même chose, le mensonge. Le génie de ce film est de montrer simultanément comment il faut se mouvoir pour se libérer du poids du lieu et de l'espace, et comment le cercle qu'on essaie d'agrandir pour se libérer « en marchant comme un fou » ou en prenant la voiture se rétrécit progressivement et nous reconduit au point de départ.

Dans la maison de la logeuse, la lumière qui vient de l'extérieur au moment où Hazel meurt est naturelle, elle n'est pas humaine. On ne sort pas de l'enclos en croyant jouir de la lumière du monde, on bouge dans l'espace pour déplacer l'horreur de l'enfer et de l'obscurité. Le noir est en soi, autant faire un voyage intérieur, on ne se libère pas de l'espace du monde, c'est à l'intérieur de soi que l'on est le plus à même de se mouvoir. Le scepticisme de Huston manifeste la difficulté à se libérer du fanatisme, même en en empruntant les armes, tandis que la foi d'O'Connor décrit l'Antéchrist comme le roi des fanatiques. L'un pratique le doute, l'autre la dérision, l'un ne croit pas, l'autre croit.

Il n'y a peut-être pas d'émancipation dans le monde puritain, le monde n'est qu'un drame qui se répète, et personne ne l'orchestre. Hazel Motes est un pur, un être de perfection, c'est finalement un puritain qui meurt du puritanisme. L'enclos, l'habitation sont insupportables, on s'y repent, on n'y bouge pas plus qu'on y parle. Ce vieil athée bourru et sceptique qu'est John Huston a, mine de rien, détourné le roman sudiste ; ce n'est pas la religion qui l'intéresse au premier chef mais les deux questions qui hantent son cinéma : comment trouver du vrai dans la succession d'images fausses ? Comment faire que le mouvement ne « chute » pas toujours dans l'immobile ?

On pourrait actualiser : les images dont les religions se sont préservées traditionnellement ne sont-elles pas une source de fanatisme ? On connaît le rôle des images dans les réunions évangélistes aux États-Unis, c'est ce qu'on appelle le télé-évangélisme, cette nuée d'images fausses destinées à faire croire. A faire croire… à quoi ? Peut-être aux mensonges de la vision et des images, nous aurait dit John Huston qui ne croyait pas à grand-chose mais a toujours voulu croire à quelques images.

Remerciements

Sans Carole Desbarats, qui m'a incité à écrire sur ces thèmes, cet ouvrage n'existerait pas ; je la remercie vivement. Grâce à leurs remarques ou critiques, Jean-Claude Baillieul, Laurence Devillairs, Jean-Luc Giribone, Pierre-François Mourier, Marc-Olivier Padis, Sébastien Henry et Georges Vigarello m'ont permis d'améliorer le manuscrit initial ; qu'ils en soient également remerciés.

Origine des textes

La première partie de cet ouvrage est une version remaniée et considérablement augmentée d'un texte paru dans un recueil collectif publié sous la direction de Carole Desbarats, *Cinémas de la violence* (Éditions de l'ACOR, 1996).

Le chapitre consacré à *La Haine* a fait l'objet d'une publication dans *Esprit* (août-septembre 1995) ainsi que les deux annexes : *Esprit*, août-septembre 1994 pour les cinémas de Beyrouth; *Esprit*, septembre 1989 pour *Le Malin.*

Table

DEUXIÈME PARTIE

Comment s'en sortir ?

TROISIÈME PARTIE

Recyclages de la violence : Martin Scorsese et Stanley Kubrick

ANNEXE I

La ville prise en otage : les cinémas de Beyrouth

ANNEXE II

Mensonge des images et fanatisme aveugle (« Le Malin », de John Huston)

RÉALISATION : Atelier graphique des Éditions de Septembre
IMPRESSION : Imprimerie Floch à Mayenne
DÉPÔT LÉGAL : Mars 1997. N° 30630 (40584)